站在巨人的肩上

Standing on the Shoulders of Giants

U0390239

写给孩子的
数学之美

$$a_n = a_1 + (n-1)d$$

$$a = q \times b + r$$

$$N = a \times b$$

昍爸 昍妈——著

人民邮电出版社

北 京

图书在版编目（CIP）数据

写给孩子的数学之美 / 昍爸, 昍妈著. -- 北京：
人民邮电出版社, 2023.4
（图灵新知）
ISBN 978-7-115-61278-6

Ⅰ. ①写… Ⅱ. ①昍… ②昍… Ⅲ. ①数学 – 少儿读
物 Ⅳ. ①O1-49

中国国家版本馆CIP数据核字(2023)第037768号

内 容 提 要

本书从孩子们感兴趣的故事和问题出发，讲述了类比、递归、证明、归纳、数
形关联等简单、美妙的数学思维和知识，呈现出数学均衡有序的思维之美、简洁明
确的逻辑之美、度量万物的直观之美，以及探索奥秘的创造之美。作者不仅以孩子
们能读懂、能理解、感兴趣的语言和形式展现了数学的非凡魅力，同时帮助孩子们
拓展知识面，引领大家学会思考、喜爱思考，让数学成为知识的宝库和攀登思维高
度的阶梯。本书适合小学生和初中生阅读，热爱数学的大众读者也能从中受益。

◆ 著　　　　　昍爸　昍妈

　责任编辑　戴　童
　责任印制　胡　南

◆ 人民邮电出版社出版发行　　　北京市丰台区成寿寺路11号
　邮编　100164　电子邮件　315@ptpress.com.cn
　网址　https://www.ptpress.com.cn
　涿州市般润文化传播有限公司印刷

◆ 开本：720×960　1/16
　印张：14　　　　　　　　　　2023 年 4 月第 1 版
　字数：172 千字　　　　　　　2025 年 2 月河北第 10 次印刷

定价：89.80 元

读者服务热线：(010)84084456-6009　印装质量热线：(010)81055316
反盗版热线：(010)81055315
广告经营许可证：京东市监广登字 20170147 号

硬说数学科学无美可言的人

是错误的。

美的主要形式是

秩序、匀称

与明确。

——亚里士多德

目录

第三篇
数学之美在逻辑与证明　　153

第一篇

数学之美
在思维

01
类比的力量

新的数学方法和概念，
常常比解决数学问题本身更重要。
——华罗庚

什么是"类比"与"类比推理"

据说，在鲁班发明锯子之前，人们砍树全靠斧子，干活儿又累又慢。有一次在上山时，鲁班的手在无意间被一种山上长的野草叶子划破了。野草的叶子怎么会这么锋利呢？鲁班不由得驻足仔细观察，他发现，这叶子长长的，边缘有许多锋利的小齿。既然带有小齿的野草可以划伤手，那么更硬的"齿"能否划伤木头，甚至使其断成两截呢？带着这个想法，鲁班仿照野草的小齿制作了带齿的工具，锯子就这么被发明出来了。

从远古时期，人类就开始了对月球的凝望。在很长一段时间里，月球被视为神灵的领地，是圆满和平滑的。直到1609年，伽利略将他的望远镜转向月球，才发现它的表面并非完美的，而是布满了混乱的峭壁和陨石坑。

伽利略在望远镜里看到，月球黑暗的部分里有一些光点，这些光点逐渐变大、变亮，最后跟其他光亮的部分融为一体。伽利略觉得，这个现象很像早上的太阳照射在地球的山上，太阳爬得越高，山的阴影就缩得越小，最后整座山都沐浴在阳光之下。他认为，阴影和其他光学现象在地球和月球上应该是一样的。因此，伽利略下结论：月球的表面一定不是光滑的，而是高高低低，跟地球一样有山有谷。

这两则小故事的背后就是类比的力量。

那什么是类比呢？类比，是对两个事物进行比较，突出它们被认为相似的方面，其主要目的是用我们熟悉的事物去解释我们不熟悉的事物。类比推理，是一种基于类比的思维方式，即根据两个（或两类）事物的某些属性相同或相似，推出它们的另一属性也相同或相似。有人认为，类比是建立或揭示不同想法之间关系的智力"超链接"。

我国古代名著《战国策》中记载了一则邹忌的故事，算是类比推理的绝佳案例。

> 邹忌修八尺有余，而形貌昳丽。朝服衣冠，窥镜，谓其妻曰："我孰与城北徐公美？"其妻曰："君美甚，徐公何能及君也？"城北徐公，齐国之美丽者也。忌不自信，而复问其妾曰："吾孰与徐公美？"妾曰："徐公何能及君也？"旦日，客从外来，与坐谈，问之客曰："吾与徐公孰美？"客曰："徐公不若君之美也。"明日徐公来，孰视之，自以为不如；窥镜而自视，又弗如远甚。暮寝而思之，曰："吾妻之美我者，私我也；妾之美我者，畏我也；客之美我者，欲有求于我也。"
>
> 于是入朝见威王，曰："臣诚知不如徐公美。臣之妻私臣，臣之妾畏臣，臣之客欲有求于臣，皆以美于徐公。今齐地方千里，百二十城，宫妇左右莫不私王，朝廷之臣莫不畏王，四境之内莫不有求于王：由此观之，王之蔽甚矣。"

在上面这则故事中，邹忌分析了自己的妻妾和客人对自己不说实话的原因，并把这一套推理用在了相似的场景，即齐威王与宫妇、朝臣、其他诸侯国的关系，得出"王之蔽甚矣"的结论，最终使得齐威王大力纳谏，成就伟业。

在前面伽利略的故事中，伽利略基于一个事实——阴影和光学现象不因地球和月球而变化——和相似的观测现象，推测出月球上也应该和地球上一样有山有谷的结论。

类比推理是人类的思想基础，甚至也是一些非人类动物的思想基础。从人类发展历史来看，类比作为产生新发现的辅助手段，被广泛认为起着重要的启发式作用。化学先驱约瑟夫·普里斯特利（Joseph Priestley）认为，类比是探索研究的最佳指南，所有非偶然的发现都是在它的帮助下做出的。

从类比的对象来看，类比可以分为概念与操作的类比、结论的类比、方法的类比。通过类比，我们往往可以发现一些新的结论。

比如，我们已知在具有固定周长的所有长方形中，正方形的面积最大。那么，我们能不能通过类比，将这个结论推广到三维空间呢？

为此，我们首先得对这个命题所涉及的"二维"和"三维"概念进行类比。

二维中的概念	三维中的概念
长方形	长方体
正方形	立方体
周长	表面积
面积	体积

由此，我们可以推测出这一命题的三维类比结论：在具有固定表面积的所有长方体中，立方体的体积最大。

类比的例子

下面我们举几个类比的例子。

(1) 非十进制与十进制的类比

我们知道，在十进制中，被 9 整除的数的特征是其各位数字之和能被 9 整除。其推理过程基于数的位值表示，例如：

$$297 = 2 \times 10^2 + 9 \times 10 + 7$$
$$= 2 \times (99+1) + 9 \times (9+1) + 7$$
$$= 2 \times 99 + 9 \times 9 + 2 + 9 + 7$$

因此，297 能被 9 整除当且仅当其各位数字之和，即 $2+9+7=18$，能被 9 整除。

于是，我们可以做这样的类比：在七进制中，被 6 整除的数的特征是各位数字之和能被 6 整除。其推理过程可以类比十进制的推理，例如：

$$435_{(7)} = 4 \times 100_{(7)} + 3 \times 10_{(7)} + 5$$
$$= 4 \times (66_{(7)}+1) + 3 \times (6_{(7)}+1) + 5$$
$$= 4 \times 66_{(7)} + 3 \times 6_{(7)} + 4 + 3 + 5$$

因此，$435_{(7)}$ 能被 6 整除等价于其各位数字之和，即 $4+3+5=12$，能被 6 整除。

类似地，我们知道，在十进制中，循环小数化分数有下面的结论：

$$0.\dot{a_1}a_2\cdots\dot{a_n} = \frac{a_1a_2\cdots a_n}{10^n - 1} = \frac{a_1a_2\cdots a_n}{\underbrace{99...9}_{n个9}}$$

如果不采用无穷级数求和，推导过程如下：

设 $x = 0.\dot{a_1}a_2\cdots\dot{a_n}$

则 $10^n x = a_1a_2\cdots a_n \cdot \dot{a_1}a_2\cdots\dot{a_n}$

所以 $(10^n - 1)x = a_1a_2\cdots a_n$

那么对于其他进制来说，比如在七进制中，通过类比也能得出类似的结论：

$$0.\dot{a_1}a_2\cdots\dot{a}_{n(7)} = \frac{a_1a_2\cdots a_{n(7)}}{7^n - 1} = \frac{a_1a_2\cdots a_{n(7)}}{\underbrace{66...6}_{n个6}}$$

比如，$x = 0.\dot{4}\dot{2}_{(7)}$

$$100_{(7)}x = 42.\dot{4}\dot{2}_{(7)}$$

$$(100_{(7)} - 1)x = 42_{(7)}$$

$$x = \frac{42_{(7)}}{100_{(7)} - 1} = \frac{4 \times 7 + 2}{7^2 - 1} = \frac{30}{48} = \frac{5}{8} = 0.625$$

(2) 祖暅原理

祖暅原理是一则涉及几何求积的著名命题，它是这么说的："幂势既同，则积不容异。""幂"是截面积，"势"是立体的高。这句话的意思是：两个同高的立体，若在等高处的截面积相等，则它们的体积相等。也就是说，夹在两个平行平面之间的两个立体，被任一平行于这两个平面的平面所截，如果两个截面的面积相等，那么这两个立体的体积相等（图1.1）。

图 1.1

如果把这个原理应用到二维呢？我们还可以进行类比。首先，要有一些概念的对应关系。

三维中的概念	二维中的概念
立体图形	平面图形
体积	面积
截面	截线段
高	高
平行平面	平行线
平面	直线
面积	长度

由此，我们可以得到祖暅原理的二维类比结论：夹在两条平行线之间两个平面图形，被任一平行于这两条平行线的直线所截，如果两条截线段的长度相等，那么这两个平面图形的面积相等（图 1.2）。

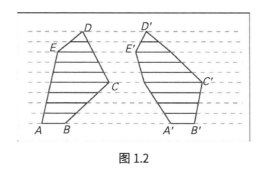

图 1.2

(3) 三角形与四面体的重心

我们可以按下述方式找出三角形的重心：三角形的三条中线交于一点，这个点即为三角形的重心（如图 1.3 所示的 G 点）。

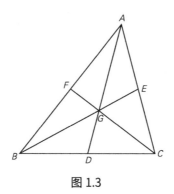

图 1.3

那对于四面体，是不是也可以类似地找到它的重心呢？

为此，我们也需要运用概念上的类比。

二维中的概念	三维中的概念
三角形	四面体
中线	中面
直线与直线的交点	平面与平面的交线

我们可以这样类比：将四面体的一条棱及其对棱的中点连接起来的三角形称为四面体的中面，那么一共有 6 个中面，且这 6 个中面交于一点，则这个点就是四面体的重心（图 1.4）。

虽然我们暂时不去证明 6 个中面是否交于一点这个结论，但至少，我们预感这么类比出来的结论应该是对的。

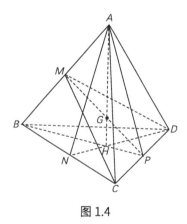

图 1.4

(4) 微积分求面积与体积

在使用微积分这一工具求面积的时候，我们把平面图形看成由无数个小长方形组合而成的图形（图 1.5）。大家请注意：不要被"微积分"这个名称吓倒，其实，微积分的原理小学生一般都能理解，圆的面积就是使用微积分思想来求的。

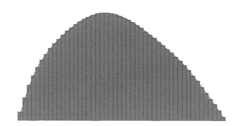

图 1.5

类比一下，我们可以把这种方法应用到在三维空间中求物体体积的问题中。这时候，我们把立体图形看成由无穷多个柱体组合而成。这里，二维中的长方形就被类比成了三维中的柱体（图 1.6）。

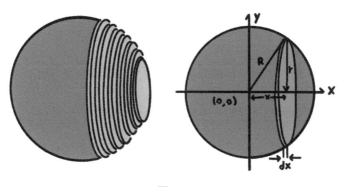

图 1.6

(5) 分割到无穷

图 1.7 中的大正方形边长为 1，首先被分成 4 个相等的正方形，将左上角的正方形涂色，再将右下角的正方形一分为四，然后将其左上角的小正方形涂色……如果我们一直持续这一过程，那么最后被涂色的部分占整

个大正方形的面积的多少？

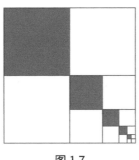

图 1.7

这个问题最直接的解法要用到小学生很难理解的无穷级数求和。假如不用无穷级数求和，那还可以这么考虑：去掉右下角的 $\frac{1}{4}$ 块，在剩下的部分中，涂色部分占 $\frac{1}{3}$（如图 1.8 左）；而在被去掉的 $\frac{1}{4}$ 块里，再去掉这个 $\frac{1}{4}$ 块的右下角的 $\frac{1}{4}$ 块，那么涂色部分依然占整个面积的 $\frac{1}{3}$（如图 1.8 右）。依此类推，每次都去掉右下角的一小块，涂色部分的面积在不同的尺度上都是整个面积的 $\frac{1}{3}$，因此整体上涂色部分面积为整个正方形面积的 $\frac{1}{3}$。

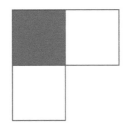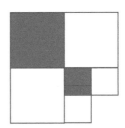

图 1.8

基于这个思路，我们是不是可以类似地解决下面这个问题？

如图 1.9，在黄色正三角形 *ABC* 中，分别取三边的中点 *D, E, F* 并分别连接，然后分别取 *DE, EF, DF* 三条线段的中点 *H, I, G* 并分别连接，将 △*DGH*，△*EHI*，△*GIF* 涂成蓝色。接着，对中间的 △*GHI* 重复上述操作。如果这一操作一直持续下去，直到永远，请问：图中黄色部分的面积占整个正三角形 *ABC* 面积的几分之几？

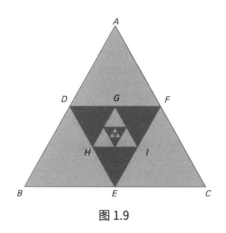

图 1.9

在这道题中，三角形对应于前面问题中的正方形。在正方形问题的解法中，我们在正方形中去掉一块放大后与原图一样的部分（即右下角的 $\frac{1}{4}$）。对应地，我们也找出图 1.9 的图形中放大后与原图一样的部分，显然是点 *G, H, I* 对应的三角形。如图 1.10 所示，把它去掉后，在剩下的部分里，黄色区域的占比为 $\frac{12}{15}=\frac{4}{5}$。因此，全部黄色部分面积在整个正三角形中的占比也是 $\frac{4}{5}$。

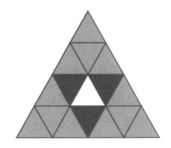

图 1.10

(6) 直线分平面与平面分空间

我们再来看一个经典的问题：

n 条直线最多能把平面分成多少块？

如果采用递归的思想，我们知道：*n* 条直线最多把平面分成的块数是 *n*−1 条直线最多把平面分成的块数的基础上再加 *n*。从而，*n* 条直线能把平面分为：

$$1+1+2+3+\cdots+n=\frac{n(n+1)}{2}+1\,(\text{块})$$

验算一下：当 *n*=1, 2, 3 时，平面分成的块数分别为 2, 4, 7。满足题意。

题解到这里，当然不算结束，因为核心问题还没有解决。刚才的归纳只是一种猜测，还需要证明其正确性。为什么 *n* 条直线最多把平面分成的块数是 (*n*−1) 条直线最多把平面分成的块数的基础上再加 *n* 呢？这就涉及"直线－交点－线段－平面"之间的关系。

我们知道，如果一条直线上有 *n* 个点，那么这些点将把这条直线分成 *n*+1 段。如果原来有 (*n*−1) 条直线，那么在加上第 *n* 条直线后，这第 *n* 条直线最多与之前的 (*n*−1) 条直线有 (*n*−1) 个交点，而这些交点将把第 *n* 条

直线分成 n 段，其中每一段都把原来的一个区域一分为二，因此多出了 n 块。图 1.11 给出了 $n=3$ 的情况。

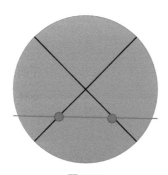

图 1.11

我们完全可以把这个推理方法应用到非直线的平面图形划分平面的问题中，比如下面的问题：

n 个圆最多把平面分成多少块？

我们可以沿用之前的递归思想和"交点－线段－平面"的分析方法。如果在 $(n-1)$ 个圆的基础上增加一个圆，那么这个圆最多与前面的 $(n-1)$ 个圆有 $2(n-1)$ 个交点（把图 1.11 中的直线想成圆，那么在加上第 4 个圆后，它最多与前面的 3 个圆都相交，最多增加 6 个交点）。这 $2(n-1)$ 个交点把第 n 个圆分成 $2(n-1)$ 段（这是一个封闭图形），每一段都把原来的一块一分为二，因此，最多多分出 $2(n-1)$ 块。据此，n 个圆最多将平面分成的块数为：

$$1+1+2+4+\cdots+2(n-1)= 2+n(n-1)\ (n\geqslant 1)$$

如果增加一个维度，最初的问题就变成了：

n 个平面最多把空间分成多少块？

如果我们从"点分直线成线段，线段分平面成区域"这一思想开始衍生，就会发现这个平面分空间问题的求解思路也可以类比直线分平面的做法。首先，我们得做一些概念和操作上的类比。

二维中的概念	三维中的概念
直线	平面
交点	交线
点分直线成线段	线段分平面成区域
线段分平面为二维区域	平面分空间为三维区域

在直线分平面的问题中，我们通过多出的线段来分析在增加一条直线后，多分出的平面数；那么，在平面分空间的问题中，我们是不是也可以通过多出的平面来分析在增加一个平面后，多分出的空间数呢？

我们还是采用递归的思想。我们知道，2 个平面最多将空间分成 4 块（图 1.12 左）。如图 1.12 右所示，在 2 个平面的基础上增加 1 个平面（紫色平面），该平面与前面两个平面最多有 2 条交线（红色交线）；这 2 条红色交线把粉色平面分成了 4 个区域，即图中的 a, b, c, d；这 4 个区域分别把原来所在的空间一分为二，因此增加第 3 个平面后把空间多分出 4 块，总计分为 4+4=8 块。类似地，在 3 个平面的基础上增加 1 个平面，前面的 3 个平面最多和这个平面有 3 条交线；这 3 条交线把这第 4 个平面最多分成 7 个区域（由直线分平面的结论得到）；每一个区域将把原来所在的空间一分为二，因此在 8 块的基础上又多出了 7 块，也就是说，4 个平面最多把空间分为 8+7=15 块。

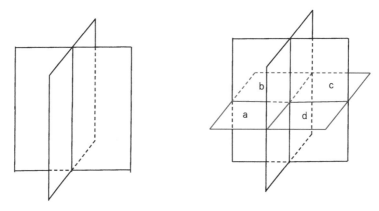

图 1.12　3 个平面最多将空间分成 8 块

一般来说，第 n 个平面将和前面 $(n-1)$ 个平面有 $(n-1)$ 条交线，根据直线分平面的结论，这 $(n-1)$ 条交线最多把第 n 个平面分为 $\frac{n(n-1)}{2}+1$ 个区域，从而能比 $(n-1)$ 个平面把空间多分出 $\frac{n(n-1)}{2}+1$ 块。因此，平面分空间满足下面的递推关系：

$$f(1) = 2$$

$$f(n) = f(n-1) + \frac{n(n-1)}{2} + 1 \quad (n \geq 2)$$

类比的不足之处

但是，由于类比推理的逻辑根据是不充分的，其结论带有或然性、猜测性，只能得到不同程度上的论据支持，并不一定完全可靠，因此，类比只能作为一种"发现"的辅助手段，而不能作为一种严格的数学方法。对于经过类比推理得出的结论，我们还需要经过严格的论证，才能确认"猜测"出的结论是否正确。

比如，"这篇小说只有1000字，且文字很流畅，这篇小说得奖了。你写的这篇小说也是1000字，且文字也很流畅，因此也一定能得奖"。这样的类比无疑会得出错误的结论。

历史上，18世纪的托马斯·里德关于其他行星上存在生命的论点也是基于类比推理。里德指出，地球和太阳系中其他的行星有许多相似之处：所有行星都围绕轨道运行，并被太阳照亮；有几个行星也有卫星；它们都绕着轴自转。因此，他总结说："认为这些行星可能像我们的地球一样，是各种生物的栖息地，这并非没有道理。"最终，现代科学证明，这一类比结论是错误的。不过，即便如此，人类依然希望借助类比寻找适合生命存在的外星系类地行星。

并非每个人都真正懂得类比

讲到这里，或许很多人会觉得，类比已经是自己熟练掌握的思维方法了。但事实真的是这样吗？

小说《平面国》是19世纪一部畅想四维空间的先驱性作品，在小说的后半部分，作者大量使用了类比推理。

一直生活在平面国的主人公有一次梦见了直线国，试图向直线国的国王解释什么是二维平面，可再怎么解释都没能成功，只能作罢。

如果我们觉得主人公真正懂得类比推理，那就错了。

有一次，主人公正方形在给自己的孙子正六边形讲解几何学算术知识时，他那聪慧的孙子提了一个问题：如果把一个点移动 3 英寸 [1]，就能得到一条 3 英寸长的线段，可以把这条线段记作 3；如果把一条 3 英寸长的线段平行移动 3 英寸，就能得到一个边长为 3 英寸的正方形，可以把这个正方形记作 3 的平方；既然如此，如果把一个边长为 3 英寸的正方形平行移动（也不知道怎么个平行移动法），就一定可以得到另一个图形（也不知道是什么图形）——这个图形每边长也是 3 英寸，而且这个图形一定可以被记作 3 的立方。虽然主人公的孙子一直生活在平面国，没有见过立方体，但他通过某种纯粹的思维推理预见了立方体的存在，这种推理方法，就是类比推理。

遗憾的是，主人公无法突破二维世界的禁锢。在他眼里，3 的立方只有数字意义，没有几何学上的意义。他认为，这孩子可真是个傻瓜。后来，来自空间国的球为了让固执的主人公理解什么是第三个维度，也拿起了"类比"这一强大的武器试图说明立方体的存在。可无论球如何费尽口舌，主人公正方形还是认为球是在恶作剧。最终，实在没有办法的球只能付诸行动，把正方形拉出了平面国，来到了空间国。眼见为实，在经历了巨大的震撼之后，正方形终于明白了空间国确实是存在的。

但如果你认为擅长"类比"推理的球完全掌握了这一强大的思维武器，那你就再一次错了。

在空间国获得新知的主人公仿佛置身于天堂，他的心智被彻底点燃，他已经无法容忍某些专断独裁之人把维度限制在二维、三维，或者任何小于无限的维数。但是，当主人公正方形试图用"严格的类比"推出四维空间和超立方体的存在时，这次却轮到他的"导师"球完全不能接受了。球

---

[1]　1 英寸 =2.54 厘米。

一次又一次地咆哮着让正方形"闭嘴",最后,忍无可忍的球一脚把正方形踹回了平面国。

小说读到这里,我想起了一句话:"井蛙不可语海,夏虫不可语冰。"我们嘲笑井底之蛙,可我们有时何尝不是井底之蛙。虽然人人都知道类比,但并非每个人都真正懂得并能运用类比。我们可以在自己的认知范围内用类比向一个新人滔滔不绝地讲解我们自己所理解的事物,却很难接受超越自身认知范围或环境所限制的类比结论。

02
归纳的艺术

在数学中，
我们发现真理的主要工具是归纳和模拟。
——拉普拉斯

　　类比与归纳，是人类获取新知识的主要方法。与类比不同，归纳是一种从特殊性知识中获取一般性知识的方法。

什么是归纳与归纳推理？

　　大家应该有去水果摊买水果的经验。一般来说，水果摊主会拿出个把水果给你尝，你尝完如果觉得水果不错，才会果断地购买更多水果。

　　然而，同样的手段，骗子也在用。有一种"古老"的诈骗手法如下：诈骗人员给 10 万个人发邮件，在其中 5 万封邮件里指明，他们有内部消息，某只股票的价格明天一定上涨，另外 5 万封邮件里则指明，该股价一定下跌。假定明天这只股票的价格上涨了，骗子公司再把收到正确预测的 5 万个收信人分成两组，继续发邮件，向一组指明股价第二天还会上涨，向另一组指明股价会下跌，依此类推。10 天后，最终剩下的 98 人会发现骗子做出的预测从来没有失误过。在这 98 人的眼里，这骗子就是厉害啊，就是有内部消息啊，就是能够带领他们一夜暴富。于是，这98人中总有那么一些人会将他们的财产托付给骗子，期望赚一笔更大的。当然，结果一定是骗子收到钱后，就此人间蒸发。

在以上两个例子的背后，都隐藏着我们一直在使用的一种思维方式——归纳。可以毫不夸张地说：自打诞生之日起，"归纳"始终伴随着我们的日常生活。

那什么是归纳呢？简单而言，归纳就是从实验数据或现象中寻找一般性的模式，并运用这一模式预测未来。

前一章讲过，类比指的是对两个事物进行比较，突出它们被认为相似的方面，其主要目的是用我们熟悉的事物去解释我们不熟悉的事物。类比推理是一种基于类比的思维方式，它根据两个（或两类）事物的某些属性相同或相似，推出它们另一属性也相同或相似——这是一种由特殊到特殊的推理过程。

与类比推理不同，归纳推理是由部分到整体、由个别到一般的推理过程，是由关于个别事物的观点过渡到范围较大的观点，是由特殊的、具体的事例推导出一般原理或原则的方法。

事实上，除了确定性的归纳，现在我们日常使用的机器学习和人工智能技术，也可以算是基于一种归纳。机器学习通过观察、分析和处理数据建立模型，然后根据模型对未来进行预测。只是，这个预测的结果不是确定性的，而是在一定的概率上是正确的。"啤酒和尿布"的故事，就是超市根据男人购买商品的历史数据挖掘和归纳出来的一个有效的营销手段：到超市买尿布的男人，常常也会顺手带走几罐啤酒。

找规律、归纳与抽象

从幼儿园起，我们经常做数字或图形的找规律游戏，锻炼的就是最基础的归纳能力，也就是寻找模式的能力。比如，找出下面数字序列的规律：

2, 5, 8, 11, 14, _____

1, 3, 9, 27, 81, _____

1, 1, 2, 3, 5, 8, _____

1, 2, 4, 7, 11, _____

2, 3, 5, 7, 11, _____

2, 6, 12, 20, 30, _____

1, 4, 9, 16, 25, _____

0, 3, 8, 15, 24, _____

10, 18, 13, 20, 16, 22, 19, 24, _____

1, 2, 2, 3, 3, 3, 4, 4, _____

再如，下面的图形序列问题。

(1) 按如下规律（图 2.1），第 100 列将有多少个红色钻石？

图 2.1

(2) 观察图形的变化规律 (图 2.2), 问号处应该填哪个图形?

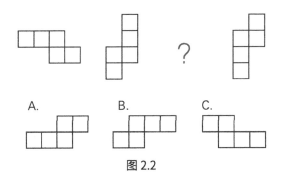

图 2.2

(3) 观察图形的变化规律 (图 2.3), 问号处应该填哪个图形?

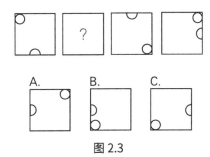

图 2.3

(4) 按图中的规律变化 (图 2.4), 第 9 个图形中有多少个小三角形?

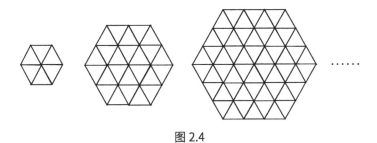

图 2.4

前面的这些例子都属于比较常规的找规律问题，可以有效锻炼归纳能力。但是，有时出题人容易剑走偏锋，比如，下面这些找规律题就属于"偏题"和"怪题"，大家没有必要花太多时间去较真。

(1) 6，2，8，2，10，18，_____

(2) 1，7，12，24，31，47，50，_____，73，85，90，96

(3) 3，6，21，42，84，69，291，483，_____

(4) 2，4，6，7，_____

与类比推理一样，归纳推理能力对于探索未知世界具有重要的作用，是小学阶段应该花力气重点培养的主要能力之一。归纳的目的是找出一般性的结论。由个别到一般，是一个抽象的过程。归纳与抽象，两者常常密不可分。

我们先看前面出现过的一个简单问题：

数列 2, 5, 8, 11, 14, … 的第 100 项是多少？

我们通过观察可以很容易地用自然语言归纳出这个数列的规律，即从第二项起，每一项都是在前一项的基础上加 3。那么第 100 项应该是在第 1 项的基础上加 99 个 3，即 $2+99\times3$。更进一步，我们可以给出第 n 项的通项公式为 $2+(n-1)\times3$，即 $3n-1$。

再比如，我们知道三角形、四边形、五边形的内角和分别为 180°、360° 和 540°，据此，我们可以归纳出 n 边形的内角和应该是 $(n-2)\times180°$。

这种从个别到一般、从数字到字母的归纳与抽象过程，正是数学"新课标"中所强调的符号意识和抽象能力。能把自己所发现的模式从自然语言描述转变成用字母表示的数学语言描述，这是孩子们在小学高年级阶段需要完成的一次转变，也是思维方式从"理性具体"到"理性一般"的一次升华。

类似的归纳与抽象在数学中无处不在，大家可以自己尝试做一做下面这些题。

(1) 下面的第 n 行应该是什么？

$1 = 1$

$1 + 3 = 4$

$1 + 3 + 5 = 9$

$1 + 3 + 5 + 7 = 16$

…

(2) 下面的第 n 行应该是什么？

1

1 1

1 2 1

1 3 3 1

…

(3) 下面的第 n 行应该是什么？

$1^3 = 1$

$1^3 + 2^3 = 9 = 3^2$

$1^3 + 2^3 + 3^3 = 36 = 6^2$

$1^3 + 2^3 + 3^3 + 4^3 = 100 = 10^2$

…

隐藏在问题背后的归纳

当然，归纳远远不止存在于简单的找规律问题中，还隐藏于更广泛的场景中。在前面的找规律问题中，问题本身直接指明了用归纳作为工具。但是，很多数学问题并不会直接指明要用归纳，我们需要自己捡拾起这一隐藏的强大工具。

那什么样的问题可以用归纳呢？这就涉及归纳的本质。归纳本身是与实验科学密切相关的，得先有实验数据，然后才能谈归纳。

从问题本身而言，它要允许我们从不同的角度进行尝试，得到一些结果，这样才能有归纳的基础。从我们自身而言，我们在面对未知问题时要敢于做一些尝试性探索，然后大胆地做一些合理的猜测。

我们来看一个例子：

比特串是指由数字 0 和 1 组成的字符串。请问：在长度为 10 的所有比特串中，不包含连续两个 1 的比特串有多少个？

如果直接考虑长度为 10 的比特串，其数量是比较多的。那么，我们是不是可以从短一点儿的比特串开始，比如从 1 位的比特串开始思考呢？大胆地试一试，或许就能有所发现。我们不妨枚举一下位数从 1 开始且满足题目要求的比特串，然后列个表。

位数	满足要求的比特串	数量
1	0，1	2
2	00，01，10	3
3	000，001，010，100，101	5
4	0000，0001，0010，0100，1000，1001，1010，0101	8
5	00000，00001，00010，00100，01000，10000，10001，10010，10100，01001，01010，00101，10101	13

枚举到这儿，问题的结论基本就明朗了。这是一个符合斐波那契数列

递推关系的数列，即

$$f(n) = \begin{cases} 2, & n=1 \\ 3, & n=2 \\ f(n-1)+f(n-2), & n \geqslant 3 \end{cases}$$

因此，满足题目要求的 10 位比特串的个数为 144 个。

但还有一个关键问题有待回答：数列为什么会符合这个归纳结论？我们得对归纳结论进行解释，或者叫证明。既然数列符合斐波那契数列的递推关系，那应该可以对其中各项分类计数，然后相加。

对于 n 位的比特串，我们考虑第一位，有两种情况。

- 第一位为 0：则后面 $(n-1)$ 位不包含连续两个 1 就满足条件，这个问题的结构与原问题一样，个数为 $f(n-1)$。

- 第一位为 1：则第二位不能为 1，只能为 0，后面 $(n-2)$ 位不包含连续两个 1 就满足条件，这个问题的结构与原问题也一样，个数为 $f(n-2)$。

根据加法原理，就可以得出递推关系：$f(n)=f(n-1)+f(n-2)$

有些时候，归纳不是显而易见的方法，它隐藏在问题深处，需要我们去挖掘。我们来看下面这个问题。

有 1 个水龙头，6 个人各拿一只水桶去接水，水龙头注满 6 个人的水桶所需时间分别是 5 分钟、4 分钟、3 分钟、10 分钟、7 分钟、6 分钟。怎么安排这 6 个人打水的顺序，才能使他们等候的总时间最短？最短的时间是多少？

乍一看，这个问题并不能直接跟归纳联系起来，但只要是探索背后的规律或模式，我们都可以从试验与归纳开始。

首先，假设只有 2 个人，所需注水时间分别为 3 分钟和 4 分钟，那么按照注水时间有 3、4 和 4、3 两种排列。显然，按照前一种排列方式打水，等候的总时间最短。

再假设有 3 个人，所需注水时间分别为 3 分钟、4 分钟、5 分钟，那么有 6 种排列方式，对应的等候时间（分钟）如下表所示。

注水时间的排列顺序	等候的总时间（包括自己注水的时间）
3、4、5	22
3、5、4	23
4、3、5	23
4、5、3	25
5、3、4	25
5、4、3	26

可以看到，按照 3 分钟、4 分钟、5 分钟的顺序打水，等候的总时间最短。

据此，我们可以大致归纳出下面的结论：为了让所有人等候的总时间最短，应该按照注水时间从小到大的顺序排队打水。但是，这个归纳到底对不对，还需要严格的证明。

第一种方法可以利用反证的思想。假如在等候时间最短的打水方案中，存在相邻的两个人，注水时间长的排在注水时间短的前面，那么如下所示（其中 $a > b$）：

$\cdots a\ b \cdots$

那我们可以交换 a 和 b 的顺序，得到如下的打水顺序：

··· *b* *a* ···

在上面的两种打水方案中，除了 *a* 和 *b* 的等候时间会发生变化之外，其余人的等候时间都不会发生变化。但在交换后，等候的总时间变短了。这说明，最后使得等候的总时间最短的方案，一定是按照注水时间从短到长的顺序排列。

另一种证明方法如下。

假设 6 个人最后打水的先后顺序为 a, b, c, d, e, f，各人所需注水时间也用 a, b, c, d, e, f 表示，那么等候的总时间为：

$$a+(a+b)+(a+b+c)+(a+b+c+d)+(a+b+c+d+e)+(a+b+c+d+e+f)$$

$$=6a+5b+4c+3d+2e+f$$

$$=5a+4b+3c+2d+e+(a+b+c+d+e+f)$$

$$=5a+4b+3c+2d+e+35$$

要使得和最小，最后一个式子中消失的 f 应该是最大的数，即 10 分钟。基于递归的思想，重复这一分析过程，可以得到 $e=7$，$d=6$，$c=5$，$b=4$，$a=3$。

从上面两个问题可以看出，归纳和递归往往密切相关。这是因为，我们在归纳时经常以问题的规模作为出发点，从小到大进行尝试。在这个过程中，我们可能会发现大问题和小问题的结构是一样的，这时递归就浮出了水面。关于递归，本书的第 8 章有专门的讲解。

还有一些时候，归纳结论容易，但解释结论并不那么容易。比如，曾有人问了我下面这个问题：

冬冬有 12 块糖，如果每天至少吃 3 块，要争取全部吃完，那么共有多少种不同的吃法？

如果我们从头开始尝试，可以得到下面的列表。

糖的数量	吃法数
1	0
2	0
3	1（一天全部吃完）
4	1（一天全部吃完）
5	1（一天全部吃完）
6	2（每天 3 块，或一天全部吃完，依此类推）
7	3
8	4
9	6
10	9
11	13
12	19

提问者跟我说，她和同事根据上面的表格归纳出了 $f(n)=f(n-1)+f(n-3)$ 的结论，但不知道该如何解释。确实，直接从这个等式出发去解释，还真有点儿困难，那我们就从最朴素的想法开始：看看第一天可以吃多少块糖。

实际上，当 $n \geqslant 3$ 时，我们可以按照第一天吃的糖的数量进行分类：

第一天吃 1 块，0 种；

第一天吃 2 块，0 种；

第一天吃 3 块，剩下 $(n-3)$ 块，方法数为 $f(n-3)$ 种；

第一天吃 4 块，剩下 $(n-4)$ 块，方法数为 $f(n-4)$ 种；

$\vdots$

第一天吃 $(n-3)$ 块，剩下 3 块，1 种；

第一天吃 $(n-2)$ 块，剩下 2 块，0 种；

第一天吃 $(n-1)$ 块，剩下 1 块，0 种；

第一天吃 n 块，1 种。

因此，

$$f(n)=f(1)+f(2)+f(3)+\cdots+f(n-1)+1$$
$$=f(3)+f(4)+\cdots+f(n-3)+1$$

将 n 用 $n-1$ 替代可得：

$$f(n-1)=f(3)+f(4)+\cdots+f(n-4)+1$$

因此，$f(n)=f(n-1)+f(n-3)$。

当然，归纳并不专指"从小到大尝试"。归纳推理是由部分到整体、由个别到一般的推理过程，"从小到大"只是由个别到一般的一种常用路径。在几何中，我们也可以用归纳来帮助解决问题，特别是题目中出现了运动的元素时，比如动点、动边、动角等。

我们举一个简单的例子。

如图 2.5 所示，$\angle AOB$ 是直角，$\angle AOC=40°$，ON 是 $\angle AOC$ 的平分线，OM 是 $\angle BOC$ 的平分线。

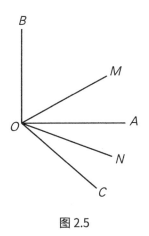

图 2.5

(1) 求 ∠MON 的大小。

(2) 当锐角 ∠AOC 的大小发生改变时，∠MON 的大小是否会发生改变？

第一问很简单。

当 ∠AOC=40° 时，∠AON=20°；

∠BOC=90°+40°=130°，

因此 ∠BOM=65°；

从而，∠MOA=90°−65°=25°；

因此，∠MON=25°+20°=45°。

关键看第二问。这里，∠AOC 的大小不再是定值，而是可以变化的，那么显然，ON 和 OM 的位置也会随之变化。但 ∠MON 的大小会不会变化呢？

解决这类问题，最关键的是首先要确定结论，然后再给出证明。

我们已经知道当 ∠AOC=40° 时，∠MON=45°，那我们能不能再试几个不同的角度，看看 ∠MON 的大小是否会变化？虽然题目中要求 ∠AOC 为锐角，但我们完全可以考虑两个极端情况：∠AOC=0° 和 ∠AOC=90°。在这两种特殊情况下，∠MON 依然是 45°。此时，我们大致可以归纳出 ∠MON 的大小不会变化这一结论了。

剩下的就是证明这个归纳结论。

我们设 ∠AOC=x°，那么：

$$\angle MON = \angle AON + \angle MOA$$
$$= \frac{x}{2} + 90° - \angle BOM$$
$$= \frac{x}{2} + 90° - \frac{90° + x}{2}$$
$$= 45°$$

通过将点、边或图形移动到特殊位置，归纳出一般性的结论，这是在解决几何问题时常常会用到的方法。比如我在《给孩子的数学解题思维课》一书里提到的下面这个例子，就完全可以把正方形旋转到几个特殊的位置，从而归纳出重叠部分面积即小正方形面积的$\frac{1}{4}$这个结论（图 2.6）。大家自己试一试吧。

绿色的大正方形的一个端点和边长为 1 的蓝色正方形的中心重合，请问：两个正方形重叠部分的面积是多少？

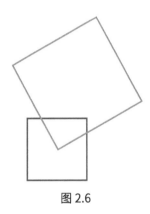

图 2.6

归纳与伟大的发现

至此，我们只是用归纳解决了一些简单的问题。下面我要展示的，则是归纳在伟大的发现中所扮演的角色。

首先，我们来看拓扑学中的一个问题。

在简单多面体中，记顶点数为 V，面数为 F，棱数为 E，那么 V, F, E 有什么关系呢？

我们不妨从下面的几个简单多面体开始（图2.7）。为了搞清楚 V, F, E 之间的关系，我们可以列张表格。

图 2.7

面数 F	顶点数 V	棱数 E
4	4	6
6	8	12
8	6	12
8	9	15

如果单看其中某两个变量，确实没看出啥关系，但如果我们同时看三列，就会发现：

$$4+4-6=2$$
$$6+8-12=2$$
$$8+6-12=2$$
$$8+9-15=2$$

据此，我们可以归纳出拓扑学上重要的欧拉公式：

在简单多面体中，记顶点数为 V，面数为 F，棱数为 E，那么 $V+F-E=2$。

这个归纳结论无疑是正确的，而且，可以通过初等的方法予以证明。事实上，它与平面图中的顶点、面和边三者的关系是等价的。任何一个简单多面体被挖掉一个面后，再把这个挖掉的面无限扩大，并把多面体的其余 $(F-1)$ 个面压扁到这个平面上，就构成了一张平面图。例如图 2.8 左边的正十二面体被压扁后就得到了右边的平面图。在平面图上，可以很方便地证明欧拉公式。

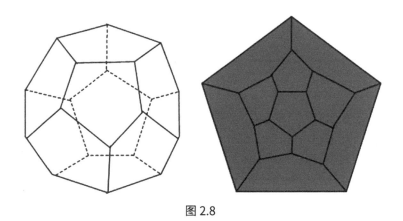

图 2.8

但是，为什么在定理中要说明是简单多面体呢？还有不简单的多面体吗？还确实有。如果这个多面体中间有一个或多个洞从中间穿过，那么上面的结论就不再成立。这个时候，归纳就还要把洞的数量也考虑进来，有兴趣的读者可以进一步阅读拓扑学的相关著作。

看完这个拓扑问题，我们再来看看历史上引起众多数学家兴趣的一个问题：

素数的分布有没有什么规律？

事实上，寻找素数分布规律的故事可以被看成人类探索未知的经典案例，探索者需要有超凡的毅力（设想一下在没有计算机的年代寻找几千万以内的素数）和洞察力。我们不妨从下表列出的素数个数[用 $\pi(N)$ 来表示] 开始。初看上去，并没有什么规律，只能看出随着 N 的增大，小于 N 的素数的密度 $\pi(N)/N$ 越来越小。

N	小于 N 的素数个数 $\pi(N)$
1000	168
1 000 000	78 498
1 000 000 000	50 847 534
1 000 000 000 000	37 607 912 018
1 000 000 000 000 000	29 844 570 422 669

如果想看看素数的密度到底如何变化，不妨取密度的倒数 $N/\pi(N)$，列出下表。稍微有一点儿找规律经验的人大概就可以看出：随着 N 以指数速度递增，$N/\pi(N)$ 大致以固定步长递增。

N	$N/\pi(N)$
1000	5.9524
1 000 000	12.7392
1 000 000 000	19.6665
1 000 000 000 000	26.5901
1 000 000 000 000 000	33.6247

而关于指数和固定等差的关系，学过一点儿中等数学的人就能知道，将指数函数取对数，数值就变成以固定步长增大了。下表给出了 $\ln N$ 和 $N/\pi(N)$ 的对比以及两者之间的百分数差。

N	lnN	N/π(N)	百分数差
1000	6.9077	5.9524	16.0490
1 000 000	13.8155	12.7392	8.4487
1 000 000 000	20.7232	19.6665	5.3731
1 000 000 000 000	27.6310	26.5901	3.9146
1 000 000 000 000 000	34.5388	33.6247	2.7156

当年，高斯就是据此归纳出了著名的素数分布规律（后由法国数学家阿达马和比利时数学家德拉瓦莱普森证明）：

对于一个给定的数 N，小于 N 的素数个数为 $\pi(N) \sim N/\ln N$

看上去是不是很简单？确实简单。但如果你觉得这么简单的规律谁都能发现和总结，那就太乐观了。仅靠一支笔和一张纸，求出 1 000 000 000 以内的素数。要不你试试？据说，当年 15 岁的高斯在没事的时候就是算素数玩。我想，这也是高斯最终成为数学大家的原因之一吧。

相比于数学，物理学是一门主要建立在实验基础之上的科学，更依赖于归纳。许多伟大物理定律的发现，是对大量数据进行观测和归纳的结果。比如，力学中关于弹性理论的胡克定律、天体力学中关于行星运动的开普勒第三定律、电学中的欧姆定律等，都是实验与归纳的结果。从这个意义上讲，对数据的拟合就是一种归纳。

错误与难以证伪的猜想

当然，上面所说的归纳是可以被严格证明的，但有些通过个体案例归纳出的一般结论并不一定正确。

比如下面这样的归纳，显然会得出错误的一般性结论："小红写的小说只有 1000 字，文字很流畅，她的小说得奖了。小明写的小说也只有 1000 字，文字也很流畅，他的小说也得奖了。因此，凡是长度为 1000 字且文字很流畅的小说，就能得奖。"

在《三国演义》中，诸葛亮在设空城计吓退了司马懿之后，对身边人说："此人（司马懿）料吾生平谨慎，必不弄险；见如此模样，疑有伏兵，所以退去。"诸葛亮断定司马懿会基于以往经验归纳出自己不敢用险的结论，这才反其道而行之，方得脱险。其实，诸葛亮也用了归纳，而他和对手归纳出的结果，都是有风险的。

在数学中，也有一些通过个体案例归纳出的一般结论。在数学史的长河中，人们对素数很痴迷，总希望能找到一个仅生成素数的公式。比如 n^2-n+41 这个公式，当 $n=1, 2, 3, \cdots, 10$ 时，得到的都是素数。你可能会得出下面的归纳结论：公式 n^2-n+41 给出的都是素数。但很遗憾，这个归纳结论是错误的。当 $n=41$ 时，$n^2-n+41=41^2$ 为合数！

n	n^2-n+41
1	41
2	43
3	47
4	53
5	61
6	71
7	83
8	97

（续）

n	n^2-n+41
9	113
10	131

类似的尝试还有费马发现的公式 $2^{2^n}+1$。当 $n=1, 2, 3, 4$ 时，这个公式生成的都是素数，所以，费马当年认为这个公式给出的都是素数。直到 1 个世纪以后，欧拉才发现，当 $n=5$ 时，这个公式给出的并不是素数。事实上，当 $n>4$ 时，目前还没有发现一个形如 $2^{2^n}+1$ 的素数。

只要找出一个反例就能证伪一个归纳结论。然而，有些归纳结论很难被证明或证伪。比如，当你发现 10 只、100 只乌鸦都是黑色的以后，你很难不去做归纳："天下乌鸦一般黑。" 但是，即便你观察到 100 万只乌鸦都是黑色的，也没有办法确保这个结论一定是正确的。当然，如果某一天，你发现有一只乌鸦不是黑色的，那这个结论就被证伪了。

在数学中，有些归纳结论至今都没有被证伪，从而成了伟大的数学猜想。大名鼎鼎的哥德巴赫猜想和孪生素数猜想就属于至今未被证明也未被证伪的归纳结论。

哥德巴赫猜想：任何大于 2 的偶数都可以表示成两个素数之和。

比如 $4=2+2$，$6=3+3$，$8=3+5$，$10=3+7=5+5$，$36=5+31=7+29=17+19$，这个结论对于特殊值都成立。但通过归纳得出的一般性结论，经历了这么多年依然未能被证明或证伪。

孪生素数猜想：孪生素数是指相差 2 的素数对，例如 3 和 5，5 和 7，11 和 13，137 和 139；数学家们认为，存在无穷多个素数 p，使得 $p+2$ 是素数。

与哥德巴赫猜想一样，孪生素数猜想至今也没有被证明或证伪。

归纳结论的不唯一性

还有一点，规律并不唯一。同样的观测值，不同的人可以得出不同的可解释的归纳结论，正所谓："一千个读者眼中，有一千个哈姆雷特。"

下面这道题曾经是一道小学五年级的"网红题"，引起了不少人的争论。

24, 25, 26, 27, 28, (?)

有的学生答了 29，老师却打了个大大的叉，这是什么原因呢？

大多数人觉得括号里填 29 是最自然的，也就是按自然数序列来解释，再往下一个数应该是 30。但是，老师对于"打叉"给出的理由是：小学五年级的学生不应该再这么简单地去思考这个问题了，五年级学生正在学素数与合数，应该把 24, 25, 26, 27, 28 理解成从 24 开始的合数序列，而按照这一解释，后面两个数应该是 30 和 32。在我看来，两种解释都无可厚非，如果非得限定某一种解释，那就有点儿固化思维了。

再看下面这个序列：

1, 2, 4, 8, _____

按照大部分人的逻辑，恐怕后面会填 16。但其实填 15 也行，为什么？如果你去研究一下"0 刀、1 刀、2 刀、3 刀、4 刀分别最多能把西瓜切成多少块？"这道问题，你就会发现答案是 1, 2, 4, 8, 15 这个序列。[①] 而且，填 14 也行。为什么？如果你去观察一下"0 个圆、1 个圆、2 个圆、

---

① 如果有疑问，可以看我的书《给孩子的数学思维课》以及《给孩子的数学解题思维课》关于类比与归纳的章节中"从一维到二维再到三维"的内容。

3 个圆、4 个圆分别把平面分成多少个区域"，就会发现答案是 1, 2, 4, 8, 14 这个序列（图 2.9）。

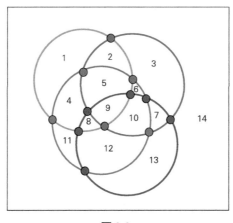

图 2.9

除了前面给出的三种解释，还有很多有趣的解释。比如，这个序列可以被解释成 $n!$ 的因数个数。

1!=1，有 1 个因数

2!=2，有 2 个因数

3!=6，有 4 个因数

4!=24，有 8 个因数

5!=120，有 16 个因数

6!=720，有 30 个因数

也就是说，这个序列是 1, 2, 4, 8, 16, 30, …。

如果你登录一个名为"整数数列线上大全"（Online Encyclopedia of Integer Sequences）的网站，并输入 1, 2, 4, 8，出来的结果整整有 2000 多条！类似地，输入著名的斐波那契数列的前几项，即 1, 1, 2, 3, 5, 8，网站也会蹦出来几百条不同的结果。

　　事实上，数列的项只要是有限个数，空格处填不同的数也可以通过不同的合适的多项式来解释。但这并不代表我支持大家随意去填，你可以填与参考答案不一样的数，但一定得赋予其一种合理的解释才行。

　　其实，无论是类比还是归纳，它们都遵循了科学探索中"观察 – 发现 – 猜想 – 验证"的模式。类比和归纳本身就是建立在观察之上的猜想。最后，我们用牛顿的一句名言来结束这一章：

　　没有大胆的猜想，就做不出伟大的发现。

03
举一反三的真谛

不愤不启，不悱不发，

举一隅不以三隅反，则不复也。

——《论语·述而》

　　偶然间，我听朋友说现在有些小学老师竟然在课内教孩子们用 U 型图解决下面的问题：用 1, 2, 3, 4, 5 组成一个两位数和一个三位数，使得两者乘积最大。老师教完后顺带出了道题：请用 3, 4, 5, 6, 7 组成一个两位数和一个三位数，使得两者乘积最大。

　　举一反三，是大家一致提倡的一种学习方法。通过举一反三，可以达到做一道题就掌握一类问题的效果，避免枯燥乏味的重复性题海战术。

　　孔子在两千多年前就提出："不愤不启，不悱不发，举一隅不以三隅反，则不复也。"这是一种"启发式"教学的思想，孔子告诉我们：对学生要严格要求，要先让他们积极思考，再适时地进行引导和启发。也就是说，老师要求学生能够"举一反三"，并在学生独立思考的基础之上对他们进行启发、引导，这不仅符合教学规律，而且具有深远的意义。今天，我们在学习和教育时，仍可以借鉴这种方法。

　　但问题在于，举一反三中的"反三"怎么做呢？

　　我们先看这样一道题：

　　有 32 盆花，摆在一个正方形的四条边上，每条边上摆 9 盆花，请问怎么摆?

解这道题的诀窍在于,一盆花可以摆在正方形的一个顶点上,而这盆花可以同时在两条边上被计数。

会求解上面的问题之后,孩子们照葫芦画瓢应该会求解老师改编过的如下"反三"问题:

有 20 盆花,摆在一个正方形的四条边上,每条边上摆 6 盆花,请问怎么摆?

但是,这样的"反三"题,如同文章开头某些老师顺带出的那道题,只是简单的问题"拷贝"。这样的题目作为简单的巩固练习无可厚非,但要说有没有举一反三,那就要打一个大大的问号了。如果我们学习数学只是重复地做这样的改编题,那最终我们能解决的只是高度相似的同类型问题,如同在一个点原地打转,容易固化思维。如果我们能从一点推广到普适情况,则是在扩充问题求解空间的维度。从点扩展到线,从线扩展到面,这才是"反三"的最高境界。

对上面的这个摆花盆问题稍作拓展,我们可以有下面的问题:

现有一个正方形,每条边上摆 9 盆花,请问总共有多少盆花?

虽然只是文字稍作变化,但问题却摇身变成了一个开放性问题。该问题的解答有多种可能性,从而把题目的所有变形一网打尽。例如,图 3.1 就给出了两种摆法:左边是如最初的 32 盆,而右图则是 33 盆。事实上,从 32 至 36 盆都是可能的,有兴趣的读者不妨画一画。

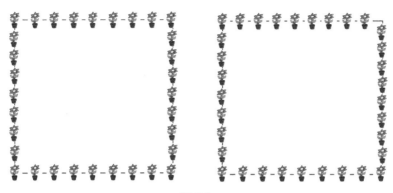

图 3.1

我曾经在一本书里看到过一组"成套"的举一反三题目。

(1) 女儿今年 4 岁，妈妈今年 28 岁，妈妈的年龄是女儿的 7 倍，几年以后妈妈的年龄正好是女儿的 5 倍？

(2) 儿子今年 6 岁，爸爸今年 30 岁，爸爸的年龄是儿子的 5 倍，几年以后爸爸的年龄正好是儿子的 4 倍？

(3) 小红今年 8 岁，小明今年 14 岁，几年前小明的年龄是小红的 2 倍？

这种题目着实给举一反三来了一个"名词新解"。"举一反三"不应该是简单地把女儿换成儿子、妈妈换成爸爸、4 岁换成 6 岁啊……怎样才算真正的举一反三呢？我认为，真正的举一反三应该能做到触类旁通。下面就以整除为例，展示一下举一反三的真谛。

我们从小就被告知：能被 2 整除的数的特征是末位为 0, 2, 4, 6, 8，能被 5 整除的数的特征是末位为 0 或 5。进一步，能被 4 整除的数的特征是末两位能被 4 整除，能被 8 整除的数的特征是末三位能被 8 整除。相应地，能被 25 整除和能被 125 整除的数的特征分别是末三位能被 25 和 125 整除。

这些结论的推导过程，是基于数的位值制表示，比如：

$$252=2\times10^2+5\times10+2$$

由于 100 能被 4 整除，因此 252 能否被 4 整除就等价于末两位数 52 能否被 4 整除。

我们还学过，一个数能否被 3 或 9 整除，只要看它的各位数字之和能否被 3 或 9 整除。其背后的道理，依然是数的位值制表示。比如：

$$2467=2\times10^3+4\times10^2+6\times10+7$$
$$=2\times(999+1)+4\times(99+1)+6\times(9+1)+7$$
$$=2\times999+4\times99+6\times9+(2+4+6+7)$$

由于 999, 99, 9 都能被 3 和 9 整除，因此 2467 能否被 3 或 9 整除等价于各位数字之和 2+4+6+7 能否被 3 或 9 整除。

其实，这个推导更具数学一般性的方式是：

$$2467=2\times10^3+4\times10^2+6\times10+7$$
$$=2\times(9+1)^3+4\times(9+1)^2+6\times(9+1)+7$$

由于 $(9+1)^n$ 展开后除以 9 的余数为 1，因此 2467 能否被 3 或 9 整除等价于各位数字之和 2+4+6+7 能否被 3 或 9 整除。

基于同样的道理，我们可以推导能被 99（或 999）整除的数的特征，即从右往左两位（或三位）一组划分之后各组数之和为 99（或 999）的倍数。

99 和谁比较近呢？当然是 100！因此，我们可以把类似于 352 467 这样的数表示为：

$$352\,467 = 35 \times 10\,000 + 24 \times 100 + 67$$
$$= 35 \times (9999 + 1) + 24 \times (99 + 1) + 67$$
$$= 35 \times 9999 + 24 \times 99 + 35 + 24 + 67$$

由于 9999 和 99 都是 99 的倍数，因此 352 467 是否为 99 的倍数就等价于其从右往左按两位一组划分后各组数相加的和 35+24+67 是否为 99 的倍数。

这个结论更具一般性的推导方式其实是：

$$352\,467 = 35 \times 100^2 + 24 \times 100 + 67$$
$$= 35 \times (99 + 1)^2 + 24 \times (99 + 1) + 67$$

根据 $(99+1)^n$ 展开后除以 99 的余数是 1 这一事实，我们可以推导出上面的结论。

有些人还学过能被 11 整除的数的特征，即奇数位数字之和与偶数位数字之和的差能被 11 整除，它的推导过程也是基于位值制表示。

比如：

$$5467 = 5 \times 10^3 + 4 \times 10^2 + 6 \times 10 + 7$$
$$= 5 \times (11 - 1)^3 + 4 \times (11 - 1)^2 + 6 \times (11 - 1) + 7$$

根据二项式展开，我们知道 $(11-1)^n$ 除以 11 的余数为 $(-1)^n$，因此 5467 能否被 11 整除等价于 $-5+4-6+7$ 能否被 11 整除。

通过这几个例子我们可以看到，判断一个数能否被某个数整除，我们就是利用位值制的表示，根据这个数能否整除 10 的整数次幂（如 10, 100），或者整除与之差 1 的数（如 9, 99, 11, 1001）来进行推导。

那我们能不能基于这一思想，自己推导出被一些其他数（如 7, 13）整除的数的特征呢？如果去互联网搜索一下，你就会发现被 7 整除的数的特征有不同的版本，比如下面的表述就是其中之一：

如果一个多位数的末三位数与末三位以前的数字所组成的数之差（大数减小数）能被 7 整除，那么这个多位数就能被 7 整除。

比如，280 679 末三位数是 679，末三位以前数字所组成的数是 280，679−280＝399，399 能被 7 整除，因此 280 679 也能被 7 整除。

可这个规则为啥成立呢？显然，7 不可能整除 10 的整数次幂，那我们就要去寻找一个 10 的整数次幂差 1 的数，使得它能被 7 整除。

如果分别用 9, 11, 99, 101, 999, 1001, 9999, 10 001 等去除以 7，我们就会发现 $1001 = 7 \times 11 \times 13$ 能被 7 整除。

从而，我们可以把任何一个数写成以 1000 为基础的幂次表示，比如：

$$45\ 324\ 584 = 45 \times 1000^2 + 324 \times 1000 + 584$$
$$= 45 \times (1001 - 1)^2 + 324 \times (1001 - 1) + 584$$

所以，45 324 584 能否被 7 整除应该等价于 45−324+584 能否被 7 整除。一般化地，判断一个数能否被 7 整除，我们可以把这个数从右往左按三位一组进行划分，然后类似于被 11 整除的数的规则，求出每三位一组奇偶交错的和之差，最后看这个差能否被 7 整除。这个结论其实强于前文在互联网上搜索出的规则。

当然，如果继续试验下去，我们会发现 999 999 也能被 7 整除。基于这个事实，我们可以得出结论：一个数能被 7 整除的另一个特征，即从右往左按六位一组进行划分，观察其和能否被 7 整除。不过，这个规则对于许多实际应用场景来说意义不大，因为我们很少碰到这么大的数。此外，由于 $1001 = 7 \times 11 \times 13$，因此 1001 也能被 13 整除，从而，上述判断一个数能否被 7 整除的规则也可以用于判断一个数能否被 13 整除。

问题是，是否对于每个素数 p ($p \neq 2$ 和 5)，我们都可以这么干呢？对于 $p=2$ 和 $p=5$ 之外的素数，显然 p 不能整除某个 10 的整数次幂，那么是否一定存在某个 99...9 或 100...01，能被 p 整除呢？

至少我们发现，对于 3, 7, 11, 13，这个结论是成立的。如果是 17, 19, 23，又会如何？

比如对于 17，我们发现 9 999 999 999 999 999（16 个 9）能被 17 整除，100 000 001 也能被 17 整除。以前者为基础，我们可以把一个数从右往左按照 16 位一组进行划分，然后计算这些划分后的数之和，如果它能被 17 整除，那么这个数就能被 17 整除；而以后者为基础，我们则可以从右往左按照八位一组进行划分，和差交错，看最后的计算结果能否被 17 整除。

到此，我们应该有这么个基本的结论：对于任何一个不是 2 或 5 的素数 p，都存在某个 99...9 或 100...01，使得它是 p 的倍数。

利用抽屉原理，这个结论不难证明。比如以 99...9 为例。

我们构造 p 个数，如下：

$$9, 99, 999, \cdots, \underbrace{99...9}_{p \text{个} 9}$$

如果其中有一个数是 p 的倍数，则结论成立；

否则，除以 p 的余数只有 $1, 2, \cdots, p-1$ 这 $p-1$ 种，因此至少有两个数除以 p 的余数相同，不妨设为 $\underbrace{99...9}_{a \text{个} 9}$ 和 $\underbrace{99...9}_{b \text{个} 9}$。

假设 $a < b$，那么这两个数的差 $\underbrace{99...9}_{b-a \text{个} 9}\underbrace{00...0}_{a \text{个} 0}$ 是 p 的倍数。

由于 $\underbrace{99...9}_{b-a\text{个}9}\underbrace{00...0}_{a\text{个}0} = \underbrace{99...9}_{b-a\text{个}9}\times 10^a$，而 $(10,p)=1$，因此 $\underbrace{99...9}_{b-a\text{个}9}\underbrace{00...0}_{a\text{个}0}$ 能被 p 整

除说明 $\underbrace{99...9}_{b-a\text{个}9}$ 能被 p 整除，矛盾！

因此，构造的 p 个数里肯定有一个数是 p 的倍数。

当然，如果学了数论，我们可以直接把 99...9 或 100...01 表示成 10^n-1 或 10^n+1 的形式，然后利用同余知识，就能证明上述结论。

到现在，我们已经学会了自己去发现被不同的数整除的数的特征了，但还没有结束！

我们目前所探讨的数都是基于十进制来表示的。在非十进制里，前面的结论就失效了。比如：五进制里的 34 能否被 2 整除呢？

如果我们仅仅照搬十进制的结论看末位数字，那会错误地认为 $34_{(5)}$ 能被 2 整除，但事实是 $34_{(5)}=3\times 5+4=19$，19 是个奇数，不能被 2 整除。

因此，新的问题就来了：我们能不能把十进制的结论和推理方法拓展到任意进制的情况呢？这时，前两章讲的类比和归纳就能大显身手了。

下面才是一些真正的举一反三问题，大家可以练练手。

(1) 请给出以十进制表示的能被 19 整除的数的特征。

(2) 请给出判断一个数能否被 11 整除的另一种方法。

(3) 怎么判断五进制数的奇偶性？

(4) 在九进制中，怎么判断一个数能否被 3 整除？

(5) 在七进制中，怎么判断一个数能否被 8 整除？

04
深度思考的威力

人生最终的价值在于觉醒和思考的能力，

而不只在于生存。

——亚里士多德

很多父母抱怨孩子学数学不会思考，看一眼题目，不会就放弃，根本不去想想和自己已经学过的知识有什么区别和联系，也不知道要先努力搞懂题目的意思，再尝试去解决。好的学习习惯和思维方式，不是一下子就能培养起来的，需要长期坚持。

- 拿到题目后，如果发现自己不熟悉这类题型，没思路……不要怕，拿出纸笔，画画，算算。
- 先从简单的情况开始解决，然后逐步推广，找规律，最后再去解决原来的问题。
- 解完题后想一想，这个解是否合理? 是否还有其他解? 是否可以将问题推广变化一下?

培养这些基本的思考和学习习惯，非常有利于培养大家的学习兴趣和探索精神。经探索后成功的喜悦，会让大家体会到思考的乐趣和成就感，这比直接告诉大家怎么做一道题要强百倍。一般而言，我们对认真探索过的题目，印象会更深刻。养成会思考和敢尝试的好习惯之后，理想的分数只是"副产品"。

兔子数列

我们来探讨这样一个典型问题：兔子数列的个位周期性。小学三年级至六年级的孩子都可以在父母的帮助下来探索。

这个兔子数列的正式名字叫斐波那契数列（Fibonacci sequence）——大名鼎鼎！之所以这么叫，是因为意大利数学家斐波那契在引入这个数列时是这么介绍的：农民饲养的兔子总数会逐月按这个数列增加。兔子数列如下：

1, 1, 2, 3, 5, 8, 13, 21, 34, 55, 89, …

一个自然的问题是：满一年（第 12 个月）的时候，农民伯伯一共会有多少兔子？

观察这个数列的特点，可以发现：从第 3 个数开始，任何一个数都是它前面两个数的和。比如，第 3 个数 2=1+1，是第 1 个数和第 2 个数之和。同样，第 10 个数 55=21+34。于是我们可以推知，满一年时，即第 12 个月的兔子总数是第 10 个月和第 11 个月兔子总数之和，即 55+89=144。按这个规律，可以逐步求出兔子数列中任意一个位置的数，而且可以看出，这些数会越来越大，且增长迅速。

但如果仅仅这样介绍，是不会在大家脑海里留下多少印象的。于是，大家可能会遇到下面这样的找规律题目，来巩固理解：

(1) 1, 3, 4, 7, 11, 18, _____, 47

(2) 1, 1, 2, 4, 7, 13, 24, _____, …

我们应该容易看出来问题 (1) 的答案是 11+18=29。而且，我们可以按一个数等于前两个数的和来验证 29 是对的，因为 47=18+29。问题 (2) 稍微难了一点点，这可以叫"三阶兔子数列"了，因为其规律是从第 4 个

数开始，任何一个数都是它前面 3 个数之和。注意到这个特点，答案就是
7+13+24=44。

如果就学到这里，那还只能算作知识的灌输，属于一阶学习：大家只是学
了一种有一定特点的数列，没太多印象，下次见了面能否认得出来还不好说。

初步扩展

这时候，我们需要更进一步，进入二阶学习：兔子数列实际给出了一
种构造数列的方法，即一个数可以由它的"邻居"数构造出来。这其实也
是常见的找规律题。既然认识到这一点，我们何不发挥想象力，构造出
不同的数列呢？比如，任何类似于下述规律的具体数列（简要起见，用 a_n
表示数列的第 n 个数）：

$a_1, a_2, a_3=2a_1+a_2, \cdots$

$a_1, a_2, a_3=10a_1+a_2-6, \cdots$

$a_1, a_2, a_3=a_1-a_2, \cdots$

$a_1, a_2, a_3=a_1a_2-a_1, \cdots$

这样放飞想象力，大家可以在轻松愉快的气氛中学到数列的某些本质
东西：前后数（即前后项）之间的关系。甚至，可以顺手把等差数列和等
比数列引入进来。

再次扩展

通过二阶学习的初步扩展，大家一般可以掌握三四成了，但我们还可
以进一步加深学习和体会。这样就进入了三阶学习：实际体验和深度扩

展。为什么兔子数列那么大名鼎鼎呢？它可不是浪得虚名哦，因为它和我们的日常生活和科学技术都有很多关系。我们在网上搜索一下，就会发现：

(1) 向日葵的葵花籽排列和数量满足兔子数列（图 4.1 左）；

(2) 蜗牛壳的曲线也跟兔子数列有关（图 4.1 右）；

(3) 某些细菌的生长数量也和兔子数列有关；

(4) 股票的价格变化也和兔子数列有关；

(5) 蒙娜丽莎画像等艺术品的比例也和兔子数列有关。

图 4.1　生活中的兔子数列

再回到数学上，兔子数列还有很多特殊的数学性质。

(1) 前后两个数的比值越来越接近黄金分割（近似值为 0.618）。

$$\frac{a_2}{a_3} = \frac{2}{3} \approx 0.667$$

$$\frac{a_3}{a_4} = \frac{3}{5} = 0.6$$

$$\frac{a_4}{a_5} = \frac{5}{8} = 0.625$$

$$\vdots$$

$$\frac{a_{10}}{a_{11}} = \frac{55}{89} \approx 0.618$$

$$\vdots$$

更严格地说，兔子数列的每一项都是正整数，但其前后项之比的极限却是黄金分割，而黄金分割是无理数。

(2) 兔子数列的每一项都是正整数，但它的通项公式却要用到无理数 $\sqrt{5}$。

通项公式指用一个 n 的函数来表示第 n 项 a_n，比如，等差数列的通项公式就是：

$$a_n = a_1 + (n-1)d \,(\text{其中 } d \text{ 是公差})$$

事实上，兔子数列的数学特性和应用非常多，甚至有一本杂志就是专门研究兔子数列的。

这样的学习体验和深度扩展，可以结合生活中的例子、阅读科普书以及观看科普视频开展。开展得好，有利于培养大家观察生活的好习惯，增强好奇心，提高学习兴趣。

兔子数列个位数字的周期

在上面的三阶学习中，复杂的数学性质不太容易被有效地传递给低年级孩子，而仅仅满足于"科普"水平也显得不够——起于科普，但不能止于科普。我们还需要选择合适的问题来进行实际探索，发现并解决问题，这就是四阶学习。关于兔子数列，下面就是一个进行四阶学习的好题目。

兔子数列个位数字的周期性问题：考察兔子数列中每个数的个位是否有周期性？如果有，周期是什么？

我们会发现这个周期确实存在，但很长，是 60。在这个过程中，有几个问题值得关注：你能否快速准确地写出这几十个个位数？能否准确地找出周期？是否检查或验证至少一次？对于小学中年级的孩子来说，大家可能还需要父母帮些忙；但高年级的孩子如果能自己顺利完成，说明你们的学习习惯不错，值得赞一个！

在这个过程中，还有个"聪明的偷懒"方法：我们不需要写出这 60 多个具体的兔子数哦，因为我们在这里关心的只是它们的个位数字，否则到后面，每项的值越来越大，不好计算，容易出错。而这样的"偷懒"是值得鼓励的，这说明大家抓住了问题的一个关键——个位数字。具体来说，我们先逐个写出兔子数列各项的个位数字：

1, 1, 2, 3, 5, 8, 3, 1, 4, 5, 9, 4, 3, 7, 0, 7, 7, 4, 1, 5, 6, 1, 7, 8, 5, 3, 8, 1, 9, 0, 9, 9, 8, 7, 5, 2, 7, 9, 6, 5, 1, 6, 7, 3, 0, 3, 3, 6, 9, 5, 4, 9, 3, 2, 5, 7, 2, 9, 1, 0, 1, 1, 2, 3, …

可以看出，兔子数列个位数字的周期是 60，因为从第 61 项起，个位数字又从 1, 1, 2, 3, …开始重复兔子数列的开头 4 个数了。但如果我们到此为止，满足于算出正确答案，那就浪费了一道好题目，更浪费了一次探索发现的好机会。这时，我们可以继续问几个值得思考的问题。

(a) 我们是怎么看出来周期是 60 的？

(b) 如果随便更改兔子数列的头两个数的个位数字，得到不同的具体兔子数列，那它们的个位数字的周期会是多少呢？

理解了问题 (a)，大家就能确认怎么找周期。在原始的兔子数列中，我们注意到，出现一个 1 不一定就意味着发现了周期。比如，第 8 项、第 19 项和第 22 项的个位数字都是 1，但 7、18、21 都不是周期，因为它们后边的数不能完整地重复出现数列的开头几项。进一步想想，为什么我们能确定周期一定是 60 呢？就因为第 60 项后面的 4 项重复了兔子数列的开头 4 项吗？这样一问，有些人可能就"懵圈"了，但他们也会开始思考：

怎么说明 60 一定是周期呢？有什么办法？办法当然是有的。如果大家能自主说出下面两种方法之一，那就很棒了。

检查周期的方法一：继续算吧，看从第 61 项起能否把数列头 4 项及其之后的 56 项的个位数字都重复出来。这是可行的，但是比较累。

检查周期的方法二：其实，一旦第 61 项和第 62 项出现 1, 1，就说明后面各项会重复第 3 项至第 60 项的 58 个数的个位数字了！这是因为，兔子数列中的数是由其前面的两个数决定的，这样一来，第 63 项的个位数字一定等于 1+1，正好重复了第 3 项。接下来各项也一样。如果能领悟到这一点，可以说，大家进入了初步的"顿悟"境界，抓到了问题的一些本质特性。我们不但较深刻且简洁地掌握了兔子数列的本质，而且能初步体会发现的美和快乐。这样来解释数列的周期是 60，要比方法一高明很多。方法一是踏实的基本功，有必要，但是笨拙、不灵巧，也没有抓住本质。

确定了原始兔子数列的周期是 60 之后，我们就可以解决问题 (b) 了。这个问题就有些创新性和一定的研究价值了，就连大人也会感觉："题目意思我懂，但该怎么解决呀？没见过类似的题目，也不知道可以用上什么方法。"

在尝试解答之前，大家不妨再次张开想象的翅膀，来猜测一下：如果有不同的开头项，那么兔子数列各项的个位数字会出现什么样的周期？我的猜想是：100 的因子或 100 以内与 100 的公约数大于 1 的数。这个猜想其实有点儿快进了，怎么会一下就说到 100 了呢？因为我已经看出来：

规律 (1)　不同的开头，兔子数列的个位周期不会大于 100。

大家思考一下，兔子数列完全由头两项决定，所以只要在后面的位置上，头两项再次出现，周期就出现了，因为其后一定会重复其余的部分。

而前后两项的个位数字的不同排列一共只有 100 种可能，我们把数字连写来表示连续的个位数字，即 00, 01, ..., 98, 99。这样一来，最多把这 100 种不同的排列全部展示后，就一定会出现重复，所以周期不可能大于 100。换句话说，以任意两个个位数开头的兔子数列，其周期都只能是 1~100 中的某个数。

领略到这一点，我们对兔子数列的认识又高了一个层次，因为这让我们对一下摸不着头脑的问题 (b) 有了一个思索范围：以任意两个个位数开头的兔子数列的个位周期都小于或等于 100。

这是一个简要而有力的断言，使得我们对问题的整体有了感觉：这些周期没那么大，只在 100 以内。在数学中，这样简要而有力的著名断言和猜想有很多，比如勒让德猜想，即任意两个连续的平方数之间至少存在一个素数；再如 n^2+1 猜想，即存在无穷多个形如 n^2+1 的素数，其中 n 是正整数。这两个猜想与前文提到的哥德巴赫猜想和孪生素数猜想一起，合称为"兰道问题"。

知道了以任意两个个位数开头的兔子数列的个位周期都小于或等于 100，就像知道了一座商场外在的大小和样子，但距离我们了解整座商场还差一大截，比如，商场每层都卖什么东西呢？里面的布置如何呀？对于兔子序列的周期也一样，我们现在要继续研究它的细节，这就是问题 (b)。但我们现在可以把问题 (b) 细化，问得更具体一点，变成下面的问题：

(c) 以任意两个个位数开头的兔子数列，都有哪些周期？周期可以是 1~100 中的任何数吗？最大周期是多少？最小周期是多少？100 以内的数有没有被跳过的？

回顾一下，现在我们已经知道每个这样的周期都只能是 1~100 中的数，而且以 11（我们还是把数字连写来表示连续的个位数字）开头的兔子数列，其周期是 60。由于两个不同个位数的开头只有 100 种情况，即 00，01，…，98, 99，因此其周期最多也就能对应到 1~100 这 100 个数。所以最特殊的情况是，每一个开头对应一个不同的周期，也就是说，不同的开头对应不同的周期。而如果某些不同的开头对应了相同的周期，那一定有些可能的周期数被跳过。

没有人告诉我们更进一步的信息，那我们就自己来找出这些周期吧！一共有 100 种不同的开头，周期最大也不会超过 100。把每种情况都算出来可能会有点累，但也不是做不了（可能花上一个下午）。现在就按本章开头所讲的思路来做：先从简单的情况开始解决，然后找规律，逐步推广，最后再去解决完整的问题 (c)。最简单的两个个位数开头肯定是 00，于是我们很容易就能列出对应兔子数列的个位数列。

00 开头：000000…

都是 0 呀，因为第 3 项的个位数字起，都是 0+0=0。所以，以 00 开头的周期就是 1。太简单了！那现在来看第二个开头——01。

01 开头：0112358314…

这里我们只列举了该个位数列的头 10 项，就可以发现它只是比以 11 开头的数列多了第 1 项 0，其他位置就是重复以 11 开头的数列了。思考一下，这是什么意思？是否就此可以断定，以 01 开头的数列周期一定是 60 或 61 呢？思考并解决这个疑问，我们就会得到结论：以 01 开头的周期也是 60，因为根据兔子数列中的一个数完全由它前面的两个数决定这一特点，一旦第 2 项和第 3 项出现的是 11，后面的数字就是重复开头为 11 的数列。这样，我们再一次"偷懒"，没有完整列举以 01 开头的完整数列，就判断出其周期是 60。其实，完整算出这整个周期也没问题，只是辛苦一些。到此，我们就发现以 00 开头的周期是 1，而以 01 和 11

开头的周期都是 60。

接下来，我们就要急着去找以 02 开头的数列的周期吗？

不，这里不该着急，而是要停下来想一想：为什么以 01 开头和以 11 开头的数列的个位周期都是 60？还有以其他数字开头的数列也具有周期 60 吗？再思考一下，孩子或许就能发现：

规律 (2)　原始兔子数列个位的前 61 个数字串中，以任意两个连续的数字开头的兔子数列，其个位数字的周期都是 60。

比如，我们刚发现 01 就是以 11 开头的原始兔子数列的第 60 项和第 61 项的组合。同样，第 2 项和第 3 项的组合是 12，第 3 项和第 4 项的组合是 23，于是以 12 和 23 开头的兔子数列，其周期也是 60。原因是什么呢？其实并不复杂，因为这是周期的特点。如同一个星期有 7 天，这也是一个周期，我们可以说，从本周一到本周日（两边都包含）是一个星期，也可以说，从本周二到下周一是一个星期，或者，从本周三到下周二是一个星期，等等。

规律 (2) 这个关于周期的一般性认识，不仅加深了我们对周期性的理解，而且，我们马上就可以得出一大批周期是 60 的不同开头组合——整整有 60 个呀！兴奋吧？因为我们又一次聪明地偷了懒：这 60 个不同开头的周期不用一个一个去算了，都是 60。

这样，在一共 100 个不同的开头中，需要再研究的情况只剩 39 个了（不要忘记，我们也知道以 00 开头的周期太简单了，就是 1）。现在，我们要做的自然就是找出下一个不知道周期的开头。哦，为了找出这个开头，我们需要做点儿统计工作。表格是帮助我们进行有序思考的最好帮手之一，不妨拿出坐标纸或方格纸，画一个 10×10 的表格，我们把它叫作周期表。然后，把 00 和所有周期为 60 的开头都填写进去，并做上不同的标记。这样我们马上就看出，下一个不知道周期的开头是 02。计算一下，我们会发现这个开头对应的周期是 20——一个新的周期。

02 开头对应的周期是 20：02246066280886404482 02⋯

毫不奇怪，我们自然可以再用规律 (2) 推知，还有 19 个不同开头的数列，其个位数字的周期也是 20。这些不同的开头就是在以 20 开头的序列中，前 21 项里任意两个连续位的组合，也就是说，除了 02，还有 22, 24, 46, 60, 06, 66, 62, 28, ⋯。于是，我们又找到了 20 个周期为 20 的开头组合。收获不小吧！把这些数逐个填入周期表中，空位就只剩 19 个了。

继而，我们看出 05 开头的周期还不清楚，但这个非常简单。

05 开头对应的周期是 3：055 055 0⋯

再次用规律 (2)，我们就知道：05, 55, 50 这 3 个不同的开头对应的周期都是 3。把它们也填在表中，这样就还剩下 16 个开头对应的周期是我们不知道的了。接下来，如法炮制，找出现在第一个未知周期的开头是 13，就可以找出 12 个周期是 12 的不同开头——又逮住一"小窝"！原因如下。

13 开头对应的周期是 12：134718976392 13⋯

把这些数填入表中，乘胜追击，就可以找出最后 4 个周期是 4 的不同开头，分别是 26, 68, 84, 42。原因如下。

26 开头对应的周期是 4：2684 26⋯

至此，我们可以开心地庆祝胜利了：我们彻底解决了以不同个位数开头的兔子数列个位数字的周期性问题，即圆满回答了原始问题、问题 (a)、问题 (b) 和问题 (c)。最后总结一下主要结论。

规律 (1)　满足第一项和第二项是非负整数且后一项是前两项之和的兔子数列，其个位数字的周期不会大于 100。

　　规律 (2)　如果以两个个位数字 a_1a_2 开头的兔子数列的个位数字的周期是 n，我们记该个位数列头 n 个数字为 $a_1a_2a_3\cdots a_{n-1}a_n$，那么以 $a_1a_2, a_2a_3, \cdots, a_{n-1}a_n, a_na_1$ 开头的这 n 个兔子数列的个位数字的周期也都是 n。

　　规律 (3)　所有以两个个位数字开头的兔子数列一共有 100 个，其中 60 个数列的个位数字的周期是 60；20 个数列的周期是 20；12 个数列的周期是 12；4 个数列的周期是 4；3 个数列的周期是 3；1 个数列的周期是 1。因此，这些兔子数列个位数字的最大周期是 60，最小周期是 1。除了 1, 3, 4, 12, 20, 60 之外，其他的数都不是周期。

05
自然的秩序与有序思维

道生一,一生二,

二生三,三生万物。

——老子,《道德经》

  忙碌的周一早上,天空下着小雨,一个十字路口的红绿灯突然坏了,想象一下会出现什么状况? 很多人脑海中浮现出的场景肯定是着急上班或送孩子上学的人开着车挤来挤去,一辆辆车很快把路口堵死,后面的车堵成一条长龙,旁边几条道路也因此变得水泄不通。最后,交警出现了,过了好一阵子,秩序才慢慢恢复,车流开始缓慢移动起来。

  周末的上午,你去一个公共图书馆看书,发现一本本书被分门别类地整齐摆放,业务熟练的图书馆员能够很快找到一本书所在的位置。但想象一下,如果书是无序摆放的,那即便是最有能耐的图书馆员,也会觉得找书的任务异常艰难。

  这两个小例子充分说明了有没有秩序对整个系统的影响。物理学上有个概念叫“熵”,是用来衡量系统的混乱程度的。一个系统越混乱、越无序,熵值就越高;反之,系统越有序,熵值就越低。简单而言,在一个系统内,有序代表了高效、稳定、可控;无序代表了消耗、低效、失控。刘慈欣的科幻小说《三体》中提到了低熵体的概念,并提出熵越低,表明文明程度越高。

老子说："道生一，一生二，二生三，三生万物。"寥寥数语，却蕴含了世界的秩序和规律。

一个人是否具备有序思维，在某种程度上决定了这个人能否准确和快速地解决问题。所谓有序思维，是指思考和解决问题时遵循一定的顺序、按照特定的线索和步骤去探索的一种思维方式，它是每个人都应该具备的一种思维方式。

有序思维到底有多重要？我只能说，再怎么强调它都不为过。如果让我列出最重要的两种思维方式，那非有序思维和对称思维莫属。

很多人在写作文时不知道如何下笔，或者写出的文章组织混乱，这就是缺乏有序思维的表现。老师常常会提醒大家要按顺序写作，比如按照时间顺序、空间顺序、逻辑顺序等。以空间顺序为例，我们可以采用由近及远、由外到内、由上而下、由整体到局部等多种方式。按照顺序组织内容，不仅写作的人觉得轻松，阅读的人也会倍感愉悦。

有序思维的培养需要从小就开始，这种思维可以融入生活和学习的点滴之中。从整理自己的房间到规划一次旅行，有序思维都显示出至关重要的作用。当然，数学是最好的思维体操，它无时无刻不在训练着我们的有序思维。

我们从一个简单的问题开始。

用 1, 2, 3 三张卡片，组成三位数，有多少种不同的方法？

不少幼儿园的孩子都能给出这个问题的正确答案。但如果加一张卡片，变成用 4 张卡片组成四位数，那幼儿园的孩子就比较难回答正确了。大部分三年级以上的孩子能给出 24 个四位数的正确答案，但是，并不能保证他们是完全按照某个预设的规则一一列出来的。比如，完全按照以下顺序将 24 个数列出来。

千位为 1：1234, 1243, 1324, 1342, 1423, 1432

千位为 2：2134, 2143, 2314, 2341, 2413, 2431

千位为 3：3124, 3142, 3214, 3241, 3412, 3421

千位为 4：4123, 4132, 4213, 4231, 4312, 4321

有的孩子会随心所欲地列数，比如把千位为 3 的 6 个数列成：3124, 3214, 3142, 3241, 3421, 3412。这说明，这位小朋友还没有学会严格按照有序的方式来列举。

在这个问题中，我们可以充分利用问题本身的对称性来简化解答过程。由于千位为 1 和千位为 2、3、4 的四位数的个数应该是一样的，因此，我们实际上无须列出所有 24 个数，而是只列出千位为 1 的 6 个数，然后乘以 4 即可。这种合理合规的"偷懒"，我们应该大力提倡。

当然，如果是在 3 张卡片的基础上来考虑这个问题，我们还可以把原来的问题考虑成：在 1, 2, 3 这三张卡片的基础上再增加一张卡片 4。比如，原来的三位数为 213，那么 4 可以放在 2 前面、2 和 1 之间、1 和 3 之间或者 3 的后面，一共有 4 种方法。同样利用对称性，对于其他 1, 2, 3 的 5 种排列，把 4 插进去也各有 4 种方法，因此一共有 4×6=24 种方法。

曾经有一位中科院院士跟我说：科学的本质在于分类和抽象。分类，正是有序思考的关键，从小善于分类的人，其有序思维不会差。

不过，在具体解决一个问题时，分类的方法有多种。我们可以按照大小、数量、方向、形状等不同的标准来分类。每个人都有自己的分类喜好，比如对于图 5.1 中的数线段问题，有人喜欢根据线段的长度来分类，也就是先考虑长度为 1 的线段，然后是长度为 2 的线段……最后是长度为 5 的线段；而有的人则喜欢按线段的端点来分类，也就是以 A 为左端点的线段，以 B 为左端点的线段……最后是以 E 为左端点的线段。

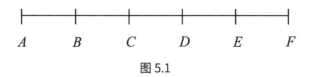

图 5.1

如果非要纠结哪一种分类好，我觉得大可不必。无论如何，只要严格按照自己内心设定的分类去执行，有序思维都能帮助我们不重复、不遗漏地罗列出所有情况。不重复、不遗漏是分类思考的要点，这也是麦肯锡提出的 MECE（mutually exclusive, collectively exhaustive）原则，中文意思是"相互独立，完全穷尽"。也就是说，对于一个重大的议题，要做到不重复、不遗漏地分类，而且借此有效地把握问题的核心，提出解决问题的方法。这是制订周密的解决方案应遵循的原则。

虽然分类的"序"可以多种多样，但在众多的序中，还是有一种序用得更广泛一些，它就是我们熟知的"字典序"。字典序实际上是一种从小到大按顺序排列的思想。掌握了这种思想，很多问题就能迎刃而解。刚才我们看到，1, 2, 3, 4 四张卡片能组成多少个四位数的问题就是典型的字典序问题。数线段问题也可以基于字典序来思考，也就是在 A, B, C, D, E, F 里选出两个字母，让它们按字母的先后顺序排列。这种思考其实对应了按左端点分类的方法。

下面再介绍一个看似跟字典序无关却可以转化为字典序来解决的问题。

小明家在 A 地，学校在 C 地，每天他都想走不完全相同的路去学校，但他又不想多走路，请问：他从家到学校最多有多少条不同的最短路径可以走？（图 5.2）

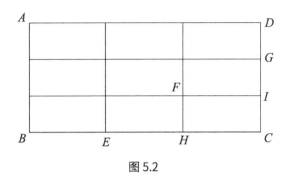

图 5.2

学过这类问题的小朋友会脱口而出：用标数法。确实，标数法是解决这一问题的利器。但如果不用标数而去枚举，有些人就枚举不全了。

很多人学了高级的技巧后觉得枚举太低端，这么想其实不对。从枚举中有所发现，然后挖掘更便捷的做法，这一过程才至关重要。很多登山的捷径也是在登山的过程中被发现的。

枚举并不容易，需要你具备比较强的有序思维能力。如果你觉得我夸张了，那不妨设想一下把上面的问题改为 10×10 的格子的情况。

回到问题，从 A 到 C 的最短路径，可以选择向右走和向下走。要正确地枚举，我们需要做到两点。

(1) 我们需要设定一个规则。比如，能向右就继续向右，不能一会儿向右一会儿向下，直到试完一种可能。规则必须是明确的，不能模棱两可。如果没有这样一个规则来指引，那么很容易就会遗漏或重复。

(2) 我们必须严格按照规则执行。有了规则，在执行的时候就要反复提醒自己是否按照规则行事了。有些人虽然设定好了规则，但在具体执行时又随心所欲，最终功亏一篑。

有了上面的规则以后，我们可以进行如下枚举：

右右右下下下

右右下右下下

右右下下右下

右右下下下右

右下右右下下

右下右下右下

右下右下下右

右下下右右下

右下下右下右

右下下下右右

这样，一开始朝右走的路径有 10 种。在这个问题里，由于开始朝右和开始朝下是对称的，因此，我们可以充分利用问题的对称性来简化枚举过程。这样一来，一开始朝下走的方法也是 10 种，一共就是 20 种方法。

如果说"右""下"还容易搞错，那不妨分别用 1 和 2 来代表右和下，那么上面的一种走法就对应了一个由 3 个数字 1 和 3 个数字 2 组成的六位数，这样按照数从小到大枚举，出错的可能性会更小，如下：

111222

112122

112212

112221

121122

121212

121221

122112

122121

122211

同样基于对称性，我们知道以 2 开头的数也有 10 个，因此一共有 20 个数。这种做法实际上已经对原来的方法做了一点儿抽象，从而，我们可以利用数的大小和字典序来帮助我们捋清楚顺序关系。

类似这样的转换，还可以用于解决下面的问题：

我们有 1 元、2 元、5 元和 10 元的纸币，每一种纸币的数量足够多，请问：有多少种不同的方法用于支付 10 元？

在前面的几个例子里，我们不止一次利用问题的对称性来简化解决方法。对称本身也是大自然的一种秩序。有序和对称，是大自然固有的规律。对称中存在着某种"重复""均衡""有序"的东西。

周期体现了另一种规律，大自然的很多现象都呈现出周期性。一年有春夏秋冬，月亮有阴晴圆缺，无一不蕴含着大自然的秩序。周期现象与数学中的同余或模运算密切相关。

比如，中国古代采用的天干地支纪年法就是一种基于周期的纪年法。天干为：甲、乙、丙、丁、戊、己、庚、辛、壬、癸。地支是：子、丑、寅、卯、辰、巳、午、未、申、酉、戌、亥。天干与地支结合纪年，如甲子、乙丑、丁寅，依此类推，天干数为十，地支数为十二，两者的最小公倍数为 60。所以，天干首"甲"与地支首"子"组成纪年元年，60 年后甲、子才再组合成为一个"甲子"。后来，人们就把年满 60 岁称为"甲子岁"。有了这一知识，如果我们知道 1894 年是甲午年，那就很容易推算出 2022 年为壬寅年。这是因为 1894+120=2014 年也是甲午年，然后，让天干和地支各往后数 8 个即可。

有时候，如果仅仅凭借我们的头脑去记忆和分析，易产生混乱，难以捕捉所有的信息。此时，表格和图有助于我们有序思考，正如我们在第4章研究斐波那契数列个位数字的周期时所看到的那样。这里，我们举一个逻辑推理的例子。

一个完美的逻辑学家（总是能够正确地回答每个逻辑问题）访问了一个岛。岛上有总是说真话的爵士和总是说谎的无赖。逻辑学家遇到了一对名叫安娜和伯恩的岛民，逻辑学家问他们：“你们都是爵士吗?”逻辑学家可以听到安娜的回答，要么为“是”，要么为“否”，但他听不见伯恩说的话。不过，在安娜回答后，逻辑学家竟然能够确定谁是爵士或无赖。请问：这两人中有几位爵士?

如果凭空去想，思路可能会变成一团乱麻。为此，我们可以绘制一张如下所示的表格，罗列出安娜和伯恩为“爵士”和 / 或“无赖”的所有 4 种可能、安娜面对每一种组合的回答，以及两个人中爵士的数量。根据表格，我们可以清晰地看出：如果逻辑学家听到安娜的回答为“是”，那么爵士的数量可能为 0, 1, 2 三种，此时逻辑学家无法确定每个人的身份；而如果逻辑学家听到安娜的回答为“否”，则可以反推出安娜和伯恩的身份，此时爵士人数为 1。

安娜的身份	伯恩的身份	安娜的回答	爵士的人数
爵士	爵士	是	2
爵士	无赖	否	1
无赖	爵士	是	1
无赖	无赖	是	0

从知识点角度来说，上面所举的这些例子并不相同。现代数学教育认为，虽然数学知识本身非常重要，但是，使人终身受益的是数学思想方法。思想方法一旦形成就很难改变，会成为一个人今后处理事情的一种思维定式。我们正处在一个信息和知识爆炸的时代，透过纷繁复杂的知识，总结归纳其背后的思想与规律，掌握这种思维方式，远比记住一堆知识来得重要。不得不说，正是从数学中习得的思维方法而非仅仅知识本身，让我的工作和生活受益匪浅。

然而如今，我们为了快速掌握某个知识点，往往有些本末倒置。立方体的展开图是小学高年级的学习内容之一，有人为了让孩子们记住立方体的 11 种展开图，发明了各种口诀，下面就是其中之一。

正方体盒巧展开，六个面儿七刀裁。

十四条边布周围，十一类图记分明：

四方成线两相卫，六种图形巧组合；

跃马失蹄四分开，两两错开一阶梯。

对面相隔不相连，识图巧排"7""凹""田"。

但比记住 11 种展开图更为重要的，是弄明白下面这两个问题：为什么只有这 11 种图？如何有序地确定这 11 种图？为了确定这 11 种图，我们按什么原则来分类？这对有序思维有比较高的要求，读者可以参考图 5.3，自行思考。

最后，我们用一个看似简单的问题来结束本章，这道题留给大家自己玩。

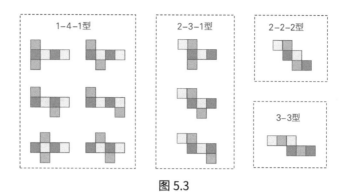

图 5.3

如果一条路径不能两次经过同一条边，那么从 A 点出发到达 D 点的所有不同路径有多少条?（图 5.4）

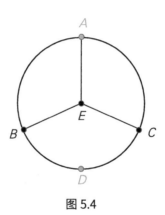

图 5.4

06
对称之美与对称思维

美的线条和其他一切美的形体都必须有对称的形式。

——毕达哥拉斯

艺术与科学，都是对称与不对称的巧妙组合。

——李政道

　　如果有人问我："孩子在小学阶段应该培养什么数学思维?"，我会毫不犹豫地回答：有序思维和对称思维。上一章探讨了有序思维，在这一章，我们把目光转向对称思维。

　　大自然对于"对称"似乎特别钟爱（图 6.1）。大家多多体会大自然的造物规律，在意识深处播下一粒理性思维的种子，这要比多刷几本习题集有意义得多。

　　当人们谈论对称的时候，大多数情况下仅仅指感性意识中的三维空间形状的对称。

图 6.1

　　对称，确实在某种程度上支配了我们的审美观。比如，你觉得图 6.2 中的图形哪个看上去更美?

图 6.2

　　那究竟什么是对称呢? 我们可以用一句话简要概括: 如果我们对一个事物做了某种操作之后，它看上去和先前是一样的，那它就是对称的。

　　上面这个定义中的"某种操作"很耐人寻味。比如，我们常常讲的三种对称类型: 轴对称、旋转对称和中心对称，就可以通过赋予这个"操作"某种特定含义而得到。

　　轴对称: 将物体沿着某一根轴进行翻转后与原物体重合。

　　旋转对称: 将物体绕着某个中心点旋转一定的角度（小于 360°）后与原物体重合。

　　中心对称: 将物体绕着某个中心点旋转 180° 后与原物体重合，这也是旋转对称的特例。

　　受对称美的影响，人类在设计各种标识、服饰和建筑时，以及在摄影中，都融入了对称的理念（图 6.3）。

图 6.3　北京天坛的祈年殿、巴黎的卢浮宫、中国京剧的脸谱、交通道路标志和
　　　　许多商标都是对称设计

中国的汉字也包含着许多对称性，比如山、日、昍、王、非、干、中、串、叵等字是轴对称的汉字，而"互"则是中心对称的汉字。

除了形状的对称，我国古代的诗词和对联非常讲究"对仗"，这是一种文字语意和意境上的对称。比如，下面的这些古诗词名句，无一不体现了对称美。

大漠孤烟直，

长河落日圆。

——王维，《使至塞上》

无边落木萧萧下，

不尽长江滚滚来。

——杜甫，《登高》

露从今夜白，

月是故乡明。

——杜甫，《月夜忆舍弟》

乱花渐欲迷人眼，

浅草才能没马蹄。

——白居易，《钱塘湖春行》

人有悲欢离合，

月有阴晴圆缺。

——苏轼，《水调歌头·明月几时有》

无可奈何花落去，

似曾相识燕归来。

——晏殊，《浣溪沙》

除了对仗，古诗词中还有两种别样的对称：回文诗和宝塔诗。

春闺

[清] 李旸

垂帘画阁画帘垂，谁系怀思怀系谁？

影弄花枝花弄影，丝牵柳线柳牵丝。

脸波横泪横波脸，眉黛浓愁浓黛眉。

永夜寒灯寒夜永，期归梦还梦归期。

上面这首诗的每一句都是回文，也是一种文字的对称。而下面这首宝塔诗，则体现了形状的对称。

茶

[唐] 元稹

茶。

香叶，嫩芽。

慕诗客，爱僧家。

碾雕白玉，罗织红纱。

铫煎黄蕊色，碗转麹①尘花。

夜后邀陪明月，晨前命对朝霞。

洗尽古今人不倦，将知醉后岂堪夸。

但是，大自然中的对称远不止此。对称中存在着某种"重复""均衡""有序"的东西。科学美中的对称美源于自然界物质的形态美，及其运动图景所具有的广泛对称美，而数学与物理学中的对称美既有物理现象的对称美，也有公式的对称美。如果没有对称的思想，是很难欣赏这种理性美的。下面我们就来欣赏数学中几个对称美的例子。

---

① 也作"曲"。

下面的数组成了一个金字塔，被称为杨辉三角形（西方称之为"帕斯卡三角形"）。从第二行开始，每个数都是它上一行左边与右边的两个数之和（如果没有左边或右边的数，则视为 0），比如第六行左起的第三个数为 10，等于第五行左起第二个数 4 和第三个数 6 之和。可以看到，杨辉三角形呈现出左右对称的特点，它体现了数学中的二项式 $(x+y)^n$ 展开式中系数的对称美。

$$1$$
$$1 \quad 1$$
$$1 \quad 2 \quad 1$$
$$1 \quad 3 \quad 3 \quad 1$$
$$1 \quad 4 \quad 6 \quad 4 \quad 1$$
$$1 \quad 5 \quad 10 \quad 10 \quad 5 \quad 1$$
$$1 \quad 6 \quad 15 \quad 20 \quad 15 \quad 6 \quad 1$$
$$1 \quad 7 \quad 21 \quad 35 \quad 35 \quad 21 \quad 7 \quad 1$$
$$1 \quad 8 \quad 28 \quad 56 \quad 70 \quad 56 \quad 28 \quad 8 \quad 1$$
$$1 \quad 9 \quad 36 \quad 84 \quad 126 \quad 126 \quad 84 \quad 36 \quad 9 \quad 1$$

对称性可以帮助我们避免可能出现的错误。比如，很多人一开始记不住 $(a+b)^3$ 的展开式，如果我们有那么一点对称思维，就会发现，把 a 和 b 交换一下，那得到的依旧是 $(a+b)^3$，也就是说，这个式子的展开式一定关于 a,b 对称。如果在展开后的表达式中将 a,b 交换后结果不相同，那一定是展开错了。

$$(a+b)^3 = a^3 + 3a^2b + 3ab^2 + b^3$$

图 6.4 中的三阶幻方，为什么中间一定要填 5？除了用整体思维证明之外，我们也可以利用对称的思想分析：因为 5 是 1~9 这 9 个数字中最中

间的一个，所以它理应位居幻方的中央。基于对称思维的这种直觉正是许多科学家用于探索未知的思维方式之一。

8	1	6
3	5	7
4	9	2

图 6.4

利用问题本身具有的对称性，可以降低许多问题的复杂度。我们先看一个可以直观地利用对称性降低问题复杂度的例子。

图 6.5 的字母排列图中，从中间的 S 开始，每次只能向上、下、左、右的相邻字母移动，不能沿对角线移动（图中给出了一种移动方法）。请问：一共有多少种方法可以拼出单词 STAR？

图 6.5

我们一眼就注意到，这个图形上、下、左、右完全对称，因此只需要计算从 S 向某个方向出发可以有多少种方法得到 STAR 即可。比如，从 S 向上出发到达 T，之后从 T 出发可以到达 3 个 A；左边的 A 和右边的 A 是对称的，各有两种方法最后到达 R；上面的 A 与左右两个 A 不对称，有 3 种方法到达 R。因此，经过 S 上面的 T 一共有 7 种方法可以得出 STAR。根据对称性，一共就有 7×4=28 种方法。

这个问题也可以反过来思考，即从 R 开始。根据对称性，这个图形中的 R 可以分为两类：上、下、左、右 4 个顶点处的 R 为一类，另外四条边中间的 8 个 R 为另一类。从第一类的 R 到 S 只有一条路径，而从第二类的 R 到 S 有 3 条路径，因此一共有 4+8×3=28 种方法。

我们再考虑一个对称性不那么明显的计数问题：

用 1, 1, 2, 2, 3 这五张卡片可以摆出多少个不同的五位数？

如果我们按照一开始的表述把"某种操作"定义为将 1 和 2 交换，那么得到的依然是 1, 1, 2, 2, 3 这五张卡片。这表明问题本身具有对称性。因此，如果我们采用最原始的枚举法，那显然，以 1 开头的五位数个数和以 2 开头的五位数的个数相同。而如果把 1 和 3 变换一下，即将 1 换成 3，将 3 换成 1，那得到的是 3, 3, 2, 2, 1，这与原来的五张卡片不再相同，也就是说 1 和 3 在问题中不具备对称性。

最后来看一个稍微复杂一点儿的问题，这个问题完美地展示了对称思维的威力。

有 1、2、3 一直到 10 这 10 个数，将它们进行排列后，如果前一个数小于后一个数，那就让总和增加 1，请问：如果对所有的排列情况进行这样的计数，那么总和是多少？

我们当然可以先一个个地进行尝试，比如从小规模开始，然后尝试归纳。如果把 n 个数的排列情况总和记作 $f(n)$，那通过枚举不难发现：

$f(2)=1$

$f(3)=6$

$f(4)=36$

仅仅根据这三个样本很难做出正确的归纳，很多人会觉得 $f(5)=216$，

但事实上 $f(5)=240$! 。可见，要正确枚举出 $f(5)$ 的值需要非凡的耐力。而且，即便花了半天时间正确枚举出 $f(5)=240$，要想归纳出一般性的通项式也不容易。

但是，如果能利用问题本身具有的对称性，就能化繁为简。我们注意到，在所有的排列中，前一个数大于后一个数与前一个数小于后一个数的情况应该是对称的。所有的排列有 10! 种，每一个排列出现了 9 对相邻数，因此所有的排列一共包含 $9\times10!$ 对相邻数。根据对称性就容易得出，满足要求的总和是 $\dfrac{9\times10!}{2}$ 。一般性地，$f(n)=\dfrac{(n-1)n!}{2}$。相比于枚举，对称思维的威力显露无遗。

大道至简，越是基本的数学定理，越是美妙。在数学上，就有这么一个美妙的与对称密切相关的基本原理：对偶原理。

对偶原理最早出现在射影几何的研究领域。在射影平面中，把一个定理的"点"和"直线"互换，然后其相对应的性质也替换后，得到的命题依然成立（图6.6）。

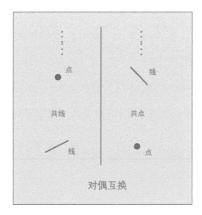

图 6.6

除了几何学，对偶原理在很多领域都有体现。在逻辑学、集合论中，被广泛使用的德摩根定律就以对偶的形式出现。在线性代数里，每个线性规划问题（称为原始问题）也有一个与它对应的对偶线性规划问题（称为对偶问题）。

$$\neg\left(P \wedge Q\right) \Leftrightarrow \neg P \vee \neg Q$$
$$\neg\left(P \vee Q\right) \Leftrightarrow \neg P \wedge \neg Q$$
（德摩根定律）

这个世界的很多现象是对称统一的，比如物理学中的力与反作用力、动量守恒等。对称性往往可以指导我们做出新的发现。一个典型的例子是"电可以生磁，磁可以生电"，在对称思想的指引下，法拉第经过十几年的不懈努力终于实现了"磁生电"的梦想。

可以这么说，在大自然中，对称体现了一种平衡（图6.7）。

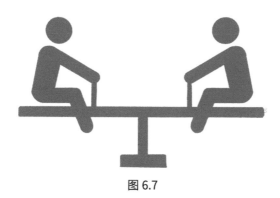

图 6.7

有一个小游戏很能体现什么是平衡，有兴趣的读者不妨一试。

甲、乙两人玩如图6.8所示的红黑棋。在下棋时，每人每次只能走任意一枚棋子，每枚棋子可以走一格或几格，红棋从左向右走，黑棋从右向左走，但不能跳过对方的棋子走，也不能叠放在对方有棋子的格子中，一直到谁无法走棋时，谁就失败。如果按照甲先乙后的顺序走棋，你若想取胜，愿意当甲还是当乙？有什么必胜策略？

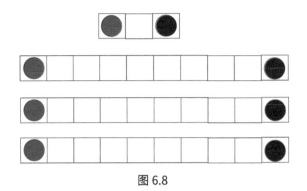

图 6.8

07
计算思维

从不做蠢事的人，

也永远不会有任何聪明之举。

——维特根斯坦

我们生活在一个数字世界，计算机技术已经彻底改变了我们的生活。为了能游刃有余地生活和工作，我们需要了解自己所生活的这个数字世界。这就是为什么计算思维被称为"21 世纪必备技能"，它对每个人都很重要。学习计算思维对于了解数字世界的运作方式、利用计算机的力量解决棘手的问题，甚至成就伟大的事业都至关重要。

可什么是计算思维？卡内基梅隆大学的周以真教授有一个相对学术的定义：

计算思维是涉及确切表达问题及其解决方案的思维过程，使得解决方案以一种信息处理代理可以有效执行的形式来表示。

通过这个定义，我们可以看出计算思维是一种表达问题及问题解决方案的思维过程，而这种解决方案是信息处理代理易于理解和执行的。有必要说明一下的是，许多人都直接把信息处理代理等同于计算机，实则不然，信息处理代理完全可以是人！

一个没有接触过计算思维的人，对计算思维的理解常常存有三个误区，这里我一一澄清。

误区一：计算思维 = 算术计算

我曾建议一位数学特级教师在数学教学中融入一点计算思维，他摇摇头说："巧算啊，那个熟能生巧。"可见，他并没有理解计算思维的内涵。数学特级教师都如此，更何况大众呢。

实际上，计算思维是解决实际问题的一种思维方式，它所提到的计算是广义的计算，涉及我们生活的方方面面，比如，怎样安排出行路线才是最优的？怎样规划一早上的各项活动才能使得所花时间最短？

误区二：计算思维 = 编程

很多人认为计算思维就是编程，甚至有编程机构的人这么宣传：编程是计算思维的前提！这其实混淆视听了。编程只是训练计算思维的一种主要方式，计算思维完全可以脱离编程而存在。在计算思维的教学领域，专门有一个方向叫"不插电"计算思维（computational thinking unplugged），就是不通过编程，而是通过游戏等方式来学习计算思维。所以，正确的表达方式应该是：计算思维是编程的前提。

误区三：计算思维 = 计算机的思维

这也是一个比较大的误解。事实上，计算机是不会思考的，它只会被动地执行一条条指令。计算思维是人的思维方式，主要是解决问题的思维方式。

计算思维有哪些要素？

通常，我们认为计算思维的要素包括抽象、分解、模式识别、算法、泛化、评估（图 7.1）。

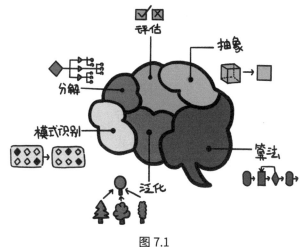

图 7.1

- 抽象，是在个性里找共性，屏蔽个性细节，突出共性。

- 分解，是将复杂问题分解为多个更小、更容易解决的问题。

- 模式识别，是识别出相同的（相似的）或符合规律的事物。

- 算法，是把解决问题的方案表示成一步一步可执行的明确步骤。

- 泛化，是把解决方案一般化，拓展其适用范围，从而用于解决一
  类问题。

- 评估，是对解决方案的正确性、适用性和复杂度等进行评估，特
  别是当存在多个解决方案时，分析比较不同解决方案的优劣。

计算思维的内涵

下面通过 4 个小案例来帮助大家理解计算思维的内涵。

案例一：计算甜甜圈的价格

假设我们现在有一个任务，要从商店买甜甜圈给同学们。我们收到了每

个人的心愿单，形成一张110个甜甜圈的购买清单，我们希望在去商店之前计算出所有甜甜圈的总价格。计算思维可以帮助我们更容易地解决这个问题。

首先定义问题：要计算110个甜甜圈的总价格。

看到这个问题时，许多人的第一反应是拿起计算器，将110个甜甜圈的价格一个个累加起来。这个方法虽然可行，却是一种低效的方法。计算思维为我们提供了一种更好、更省力的方式。

我们可以按甜甜圈的类型将问题分解为更小的步骤：

(1) 确定每种甜甜圈的单价；

(2) 确定每种甜甜圈的购买数量。

一旦我们知道了这两点，就可以计算出总价格。以下表格的前三列是我们得到的信息。

甜甜圈类型	单价（元／个）	数量（个）	小计（元）
A	3.00	25	75
B	1.60	30	48
C	2.00	10	20
D	2.10	15	31.5
E	2.15	30	64.5
总计（元）			239

现在，通过把甜甜圈按照类型和数量有序组织成价格列表，我们发现列表中的每一行（项目）都遵循相同的模式，我们构建一个方程来计算每种甜甜圈的总价格。

甜甜圈 A 的总价格：25 个 ×3.00 元／个 =75 元

对于模式化的数据类型，可以对列表中的每一行简单地重复使用这个等式：

甜甜圈 B 的总价格：30 个 ×1.60 元 / 个 =48 元

甜甜圈 C 的总价格：10 个 ×2.00 元 / 个 =20 元

甜甜圈 D 的总价格：15 个 ×2.10 元 / 个 =31.5 元

甜甜圈 E 的总价格：30 个 ×2.15 元 / 个 = 64.5 元

最后，我们可以将每种甜甜圈的总价格相加来计算所有甜甜圈的总价格：

$$75+48+20+31.5+64.5=239 元$$

有了用于解决问题的等式，我们可以抽象出一个模板，其中包含两个计算总价格的公式。

抽象

按类型划分的每个项目的数量 × 单价 = 每个项目类型的价格

第一个项目类型的价格 + 第二个项目类型的价格 + 第三个项目类型的价格 +…= 总价格

这两个公式不仅可以用于甜甜圈总价的计算，也适用于纸杯蛋糕、冰淇淋三明治总价的计算，当然也适用于甜甜圈数量更多的情况。在消除了最初问题中的噪声和复杂性后，这个公式现在成了一个易于使用的工具。

泛化

然后，我们可以进一步扩展从这一经验中获得的知识，通过构建算法来确保每次都能获得可靠的输出，以便在其他活动中可以复用它。

算法

第 1 步：按类型添加项目。

第 2 步：为每个项目类型设置单价。

第 3 步：将按类型划分的每个项目的数量与其单价相乘。

第 4 步：将每个项目类型的总价格加在一起。

我们来评估一下这个方法。首先，它总是可以正确地完成计算总价格的任务。其次，抽象出来的模板和算法有很强的复用性。最后，这种方法的可扩展性较强，即按这种方式来计算总价格的速度要远远快于逐个相加的方法，特别是在数量变得越来越多的时候。

案例二：画玫瑰花

我们现在面对一个任务，要绘制图 7.2 中的图形。

图 7.2

我不知道艺术家会怎么思考这个问题，但具有计算思维的人在面对这个问题的时候，首先会发现这里面存在重复的模式：这个大图形是由位于东、西、南、北、中的 5 朵小玫瑰花组合而成的（图 7.3）。

模式识别

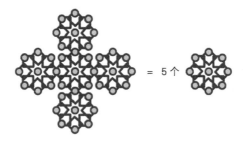

图 7.3

再仔细观察一下图 7.3 右边这个图形，我们可以进一步把它分解为更简单的图形（图 7.4）。

分解

图 7.4

进一步，如果我们观察并分析图 7.5 中的这两个图形，它们的相同点是什么，不同点又是什么？

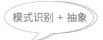
模式识别 + 抽象

图 7.5

不难发现，它们具有以下的相同点和不同点。

相同点：都由 8 个相同的图案组成，构成了正八边形的 8 个顶点；

不同点：顶点的图案不同，一个是正方形，一个是小黄圆；顶点到正八边形中心的距离也不同。

为此，我们可以利用它们的共性，也就是画一个正八边形，而在画的时候设定它们的个性，即顶点图案的形状以及顶点到中心的距离。这个过程，就是抽象的过程。

基于这一思想，我们可以得出一个能画出上面图案的一步步可操作的步骤列表，这就是算法。

算法

比如一种算法如下。

重复执行步骤 (1)~(3)8 次：

    (1) 移动正八边形边长的长度；

    (2) 用顶点图案画一个顶点；

    (3) 向右转 45°。

假如把每次移动的边长长度设为 50 步，那么这种方法用小学生可以理解的图形化编程表示为图 7.6。

图 7.6

当然，上面的方法有一个问题：正多边形的边长是固定长度（50 步），当多边形的边数增加时，它的面积也会变大。但是，我们更希望能保持正多边形的面积大小相对固定，即顶点到正多边形中心的距离相对固定。

为此，我们可以换一个算法。

重复执行步骤 (1)~(4)8 次：

    (1) 从中心出发移动半径的长度；

    (2) 用顶点图案画一个顶点；

    (3) 移动回中心；

    (4) 向右转 45°。

假如把从中心到正八边形顶点的半径长度设为 50 步, 那上述算法用小学生可以理解的图形化编程表示为图 7.7。

图 7.7

为了更清晰地看出这两种算法的区别, 我用带方向指向 (白色三角形) 的顶点图案画出了图 7.8 中的两张图, 依次画的顶点分别是 A 到 H。可以看出, 两次画出图形的大小和顶点图案的朝向并不一致。

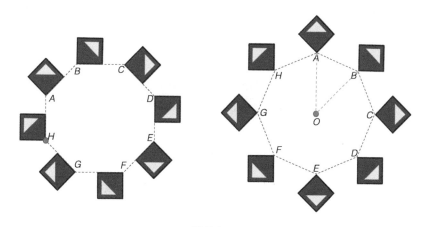

图 7.8

如果题目不是要画正八边形，那怎么办？我们完全可以把这个问题再抽象一下，变成可以自己指定顶点数 *N* 和半径长度，画出任意的正 *N* 边形。

泛化

算法描述如下。

重复执行步骤 (1)~(4)*N* 次：

(1) 从中心出发移动半径的长度；

(2) 用顶点图案画一个顶点；

(3) 移动回中心；

(4) 向右转 360°/*N*。

用小学生可以理解的图形化编程表示为图 7.9。

图 7.9

最后，如果我们组合刚才的子任务，就可以得到原始问题的解。

案例三：鸡兔同笼

鸡兔同笼是中国古代的"数学名题"之一。大约在 1500 年前，《孙子算经》中就记载了这个有趣的问题。书中是这样叙述的：

今有雉兔同笼，上有三十五头，下有九十四足，问雉兔各几何？

翻译一下，这四句话的意思是：

有若干只鸡和兔子在同一个笼子里，从上面数有 35 个头，从下面数有 94 只脚。问：笼中各有多少只鸡和多少只兔子？

利用计算机强大的运算能力，我们可以很方便地枚举完所有的可能，从而输出结果。比如，我们可以从鸡的数量为 0 开始，然后逐步增加鸡的数量，直至全部为鸡为止。由于总共是 35 个头，因此兔子的数量 =35–鸡的数量。对于每一种情况，我们判断一下脚的总数（鸡的数量 ×2+ 兔子的数量 ×4）是否等于 94 即可。如果脚的总数等于 94，那就满足题目的要求。根据这一思路，我们可以写出如图 7.10 所示的代码。

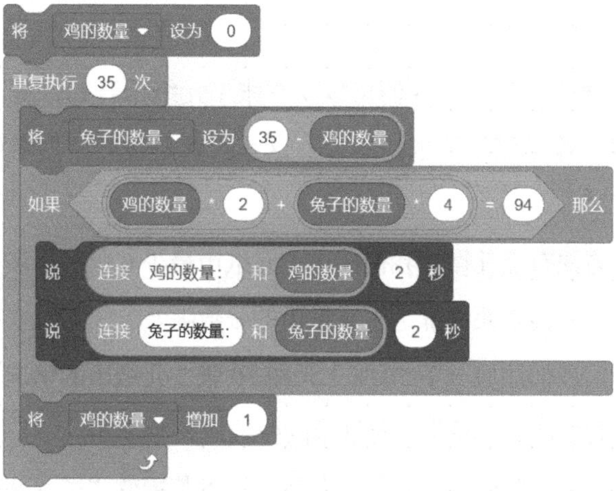

图 7.10

如果我们列张表，那么程序执行枚举的过程如下：

鸡的数量（只）	兔子的数量（只）	腿的数量（条）
0	35	140
1	34	138
2	33	136
3	32	134
⋮	⋮	⋮
23	12	94
⋮	⋮	⋮

基于暴力枚举的做法固然可行，但效率较低。是否有更快的搜索方法呢？二分搜索就可以用于提升搜索答案的速度。我们以下面这道鸡兔同笼类型的问题为例来阐述二分搜索。

现有 1 元和 2 元的纸币 100 张，共计 158 元，请问 1 元和 2 元的纸币各多少张？

采用普通的枚举法，我们可以从 0 张 1 元纸币开始，逐一增加 1 元纸币的数量，输出满足要求的组合。这其实就是按顺序搜索可能的解答空间。

但这种方法有点儿慢。我们知道 1 元纸币最少 0 张，最多 100 张，那是否可以用二分搜索快速确定 1 元纸币的张数呢？

第一步，我们测验一下 50 张 1 元和 50 张 2 元纸币的情况。此时一共 150 元，比 158 元少，因此 1 元纸币的张数应该少于 50 才对，也就是说，根据第一次测试，我们把 1 元纸币张数的搜索范围变成了 0~49。

第二步，继续测试 24 张 1 元纸币的情况。由于 24 张 1 元和 76 张 2 元纸币的币值为 176 元，大于 158 元，因此 1 元纸币的张数要大于 24。经过第二次测试，我们把 1 元张数的搜索范围缩小为 25~49。

第三步，我们测试 $\frac{25+49}{2}=37$ 张 1 元纸币的情况，此时币值为 163 元，还是大于 158 元，因此 1 元纸币的张数应该大于 37 才对。这样我们就把 1 元纸币张数的搜索范围缩小为 38~49。

第四步，$\frac{38+49}{2} \approx 43$，$43+57\times2=157$ 元 <158 元，因此 1 元的张数要小于 43，从而 1 元纸币张数的搜索范围缩小为 38~42。

第五步，$\frac{38+42}{2}=40$，$40+60\times2=160$ 元 >158 元，因此 1 元纸币的张数要大于 40，从而 1 元纸币张数的搜索范围缩小为 41~42。

第六步，$\frac{41+42}{2} \approx 41$，$41+59\times2=159$ 元 >158 元，因此 1 元纸币的张数要大于 41，从而 1 元纸币张数的搜索范围缩小为仅剩 42 这一个选择。

第七步，$42+58\times2=158$ 元，因此 1 元纸币有 42 张，2 元纸币有 58 张。

可以看到，采用二分搜索，经过 7 步搜索，我们就可以得出正确的答案，这就是算法的威力。这个算法过程也可以用小学生可以理解的图形化程序代码表示，如图 7.11 和图 7.12 所示。

这种搜索的算法其实可以迁移到其他问题，比如，在一组已经排好序的数里查找某个数出现的位置，甚至估算 $\sqrt{2}$ 的值也可以用这一算法。有些人可能对后者存疑，下面我们简单解释一下怎么利用二分搜索估算 $\sqrt{2}$ 的大小。

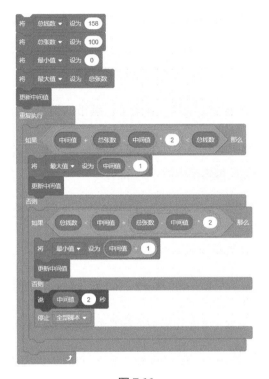

图 7.11

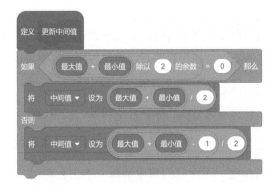

图 7.12

我们知道 $1 < \sqrt{2} < 2$，我们可以取 1 与 2 的中间数为 1.5，然后比较 1.5^2 与 $\sqrt{2}^2 = 2$ 的大小，由于 $1.5^2 = 2.25 > 2$，因此 $1 < \sqrt{2} < 1.5$。接下来，我们只要继续上述过程即可。每一次计算和比较，我们都把 $\sqrt{2}$ 的范围缩小了一半。

可别小看了二分搜索，它的速度提升是巨大的。比如要在 $2^{20} = 1\,048\,576$ 个排好顺序的整数序列里查找某个数是否出现，如果按顺序一个个地找，最糟糕的情况得做 $1\,048\,576$ 次比较，平均也得做 50 万次比较。但如果采用二分搜索，那么每一次比较就可以把问题的规模缩小一半，因此只需要不超过 20 次比较就可以了。

案例四：寻找素数

所谓素数，是指大于 1 且只能被 1 和它自己整除的自然数。为了判断一个数是否为素数，我们可以有不同的方法。

方法一：根据定义，从 2 到 $N-1$ 逐个去除 N。

显然，这种方法需要 $N-2$ 次除法。

方法二：从 2 开始逐个去除 N，一直到 $\dfrac{N}{2}$ 为止，大于 $\dfrac{N}{2}$ 的数就不用除了。

显然，这种方法所需的除法次数大约为 $\dfrac{N}{2}$。

方法三：找到最小的 i，使得 $i \times i \geq N$，从 2 开始逐个去除 N，除到 i 就可以了。

这是因为，如果 N 为合数，就可以表示为 $N = a \times b\,(a \leq b)$，那么 $a \leq i$。这种方法将除法的次数降低到了 $\sqrt{N}$ 级别。

方法四：N 如果不能被素数 p 整除，肯定也不能被 p 的倍数整除，因

此用不超过 $i=\sqrt{N}$ 的素数去除就可以了。

这种方法所需的除法次数约为 $\dfrac{\sqrt{n}}{\ln\sqrt{n}}$（前提是我们已经有一张不超过 $\sqrt{N}$ 的素数表）。

以判断 101 是否为素数为例，四种做法所需的除法次数如下。

方法一：根据定义，从 2 到 100 逐个去除 101，需要 99 次除法。

方法二：大于 50 的数就不用除了，因此需要 49 次除法。

方法三：$11\times11>100$，因此除到 10 就可以了，总共需要 9 次除法。

方法四：用不超过 10 的素数去除就可以了，总共需要 4 次除法。

除了判断某一个数是否为素数，还有一个问题是找出不超过 N 的所有素数，也有两种做法。

方法一：一个一个判断

从 2 开始遍历每一个自然数 k，直到 N，对于每一个数 k，利用上面的方法判断其是否为素数。

方法二：埃拉托色尼筛法

步骤一，1 不是素数，筛掉；

步骤二，2 是素数，保留，筛掉之后所有 2 的倍数；

步骤三，剩下的数里第一个是 3，由于在之前筛 2 的倍数时并没有筛掉 3，因此 3 不能被 2 整除，一定是素数，保留，然后筛掉之后所有 3 的倍数；

……

每一次，剩下的数里的第一个数 k 一定是素数（因为它不能被前面的所有素数整除），保留，然后筛掉之后所有 k 的倍数；如此反复，一直到 $k\times k>N$ 为止。

以 20 为例，为了找出不超过 20 的所有素数，只需要筛三轮就可以了（图 7.13）。

第一轮：~~1~~, 2, 3, 4, 5, 6, 7, 8, 9, 10, 11, 12, 13, 14, 15, 16, 17, 18, 19, 20

第二轮：~~1~~, 2, 3, ~~4~~, 5, ~~6~~, 7, ~~8~~, 9, ~~10~~, 11, ~~12~~, 13, ~~14~~, 15, ~~16~~, 17, ~~18~~, 19, ~~20~~

第三轮：~~1~~, 2, 3, ~~4~~, 5, ~~6~~, 7, ~~8~~, ~~9~~, ~~10~~, 11, ~~12~~, 13, ~~14~~, ~~15~~, ~~16~~, 17, ~~18~~, 19, ~~20~~

最　终：~~1~~, 2, 3, ~~4~~, 5, ~~6~~, 7, ~~8~~, ~~9~~, ~~10~~, 11, ~~12~~, 13, ~~14~~, ~~15~~, ~~16~~, 17, ~~18~~, 19, ~~20~~

图 7.13

计算思维的精髓

最后，我们对计算思维的精髓小结一下。

(1) 如果觉得困难，就从简单的开始尝试；

(2) 先得到一个粗略的解，通过不断迭代，逼近问题的真实解；

(3) 把复杂的问题分解为若干个易于解决的小问题，组合小问题的解得出原始问题的解；

(4) 善于发现并利用问题中重复出现的模式；

(5) 分析看似不同的问题的共同点和不同点，抽象出共性；

(6) 善于利用已有的解决方案，站在巨人的肩上才能看得更远；

(7) 泛化解决方案（即算法），使得它可以解决一类问题而不是单个问题；

(8) 问题的解决方案往往不止一种，分析与评价不同解决方案的适用性和优缺点。

08
递归思维

山重水复疑无路，

柳暗花明又一村。

——陆游，《游山西村》

在编写程序时常常有两种方法：一曰迭代（iteration），二曰递归（recursion）。从"编程之美"的角度看，不妨借用一句非常经典的话来体会这两个概念："迭代是人，递归是神！"

其实，无论是递归还是迭代，其根本都是递归思维。下面是三个日常生活中的形象例子，可以用来类比递归。

第一个例子是俄罗斯套娃，这是许多孩子喜爱的一种玩具。从最外层开始打开套娃，里面会出现一个小一号，却与外层的套娃长相一模一样的娃娃。继续打开第二层，依然如此。这样一直打开套娃，直到最里面一层不能再打开为止（图8.1）。

第二个例子是一个大家或许都听过的故事："从前有座山，山上有座庙，庙里有个老和尚。老和尚他说，从前有座山，山上有座庙，庙里有个老和尚。老和尚他说，从前有座山……"故事就是在不断重复"从前有座山，山上有座庙，庙里有个老和尚。老和尚他说"这句话。

图 8.1

　　第三个例子是具有分形性质的科赫雪花。这个雪花的生成过程是将六瓣雪花图中的每一条直线段按图 8.2 左图从上到下展示的方式折成四段，再对每条小线段不断重复这一过程（图 8.2 右图）。从第三片雪花开始，把图中的每一条直线段用第二条的四段折线来替代。这种图案图中有图、形中有形，且小的部分都是大的部分的缩影，体现了大自然的一种内在美。

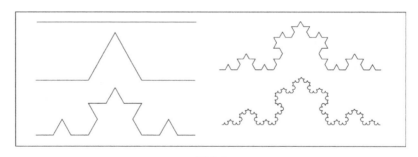

图 8.2

　　许多数学问题的背后都隐藏着递归结构的身影。判断一个问题是否具有递归结构，关键是看能否从中找到与原问题具有相同结构，但规模更小的子问题。一旦找到了这样的子问题，并分析清楚原问题和子问题之间的关系，就可以通过子问题的解得到原问题的解。利用递归的分析方法，常常可以解决一些初看上去让人毫无头绪的问题。

递归解法常常能展现数学问题本身所具有的内在结构美。原问题与子问题之间所呈现的递归结构一般可以分为线性递归结构和树状递归结构两种。

线性递归结构

所谓线性递归，是指原问题只依赖于一个子问题的解。下面举几个具有线性递归结构的例子。

- 阶乘函数 Fact(n)

n 的阶乘 Fact(n) 被定义为 Fact(n) $= n \times (n-1) \times (n-2) \times \cdots \times 2 \times 1$，简记为 $n!$。这个函数在排列组合中常常出现，比如 4 个学生排成一排有 $4! = 24$ 种不同的排法。

我们发现，Fact(n) 与规模更小但结构相同的子问题 Fact($n-1$) 之间具有下列关系：

$$\text{Fact}(n) = n \times (n-1) \times (n-2) \times \cdots \times 2 \times 1 = n \times (n-1)! = n \times \text{Fact}(n-1)$$

每个递归都必须有一个出口，即终止条件。在这个问题里，对应于 Fact(1) $= 1$。

- 等差数列求和

求 $1 + 2 + \cdots + n$ 的和也可以用递归思维来理解。如果记 sum(n) 表示 $1 \sim n$

的和，则有下面的递推关系：

$$\begin{cases} \text{sum}(n) = \text{sum}(n-1) + n, & n \geqslant 2 \\ \text{sum}(1) = 1 \end{cases}$$

● 找一组数的最大值

在不少实际的问题中，比如如何确定某次数学考试的最高分，都涉及寻找一组输入数据的最大值。这个问题也可以从递归的角度来思考，即先找出 $(n-1)$ 个数中的最大值，然后与第 n 个数比较，其递推关系如下：

$$\max(a_1, a_2, \cdots, a_n) = \max\big(a_n, \max(a_1, a_2, \cdots, a_{n-1})\big), \; n \geqslant 2$$

当然，我们也可以把这组数分成两组，然后分别找出这两组数的最大值，最后取这两个最大值中较大的。

● 辗转相除法（欧几里得算法）

辗转相除法是欧几里得提出的求最大公约数的算法，是一个经典的递归案例。

假如 $a \geqslant b$，那么：

(1) 如果 a 是 b 的倍数，则 a, b 的最大公约数 $\gcd(a, b) = b$；

(2) 否则，可以设 $a = q \times b + r \, (0 < r < b)$，则 a, b 的最大公约数 $\gcd(a, b) = \gcd(b, r)$。

有了这个规则，我们就可以用递归的方法很快地求得 a, b 的最大公约数。关于此，在第 13 章里还有更详细的阐述。

树状递归结构

所谓树状递归结构，是指原问题的解不是仅依赖于一个子问题的解，而是依赖于多个子问题的解。汉诺塔问题和斐波那契数列都是树状递归结构的例子，下面就介绍几个典型的树状递归结构案例。

● 汉诺塔问题

在古印度神话故事中，梵天在创造世界的时候，做了三根金刚石柱子，并在其中一根柱子上从下往上按照大小顺序摞着 64 片黄金圆盘。梵天命令教徒把圆盘按大小顺序重新摆放在另一根柱子上，并规定了以下规则：

(1) 大圆盘不能压在小圆盘上；

(2) 每一次只能移动一个圆盘。

梵天还预言：当人们完成移动的那一刻，就是这个世界终结的时候。

梵天的预言是否夸张了？我们可以按照下面的思路来思考这个问题。

如图 8.3，我们可以将"把 n 个圆盘全部从 A 柱借助 B 柱移动到 C 柱"这个任务分成下面的三个子任务：

(1) 把 $(n-1)$ 个圆盘从 A 柱借助 C 柱再移动到 B 柱；

(2) 把最底下最大的圆盘从 A 柱移动到 C 柱；

(3) 把 $(n-1)$ 个圆盘从 B 柱借助 A 柱再移动到 C 柱。

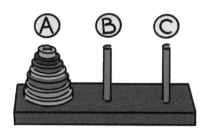

图 8.3

这三个子任务中的第一个和第三个与原问题（把 n 个圆盘从 A 柱借助 B 柱再移动到 C 柱）是相同的，只是问题的规模减小了 1 而已。如果用 $H(n)$ 表示移动 n 个圆盘所需的次数，那么 $H(n)$ 满足下面的关系：

$$\begin{cases} H(n) = 2H(n-1) + 1, \ n > 1 \\ H(1) = 1 \end{cases}$$

容易解得：$H(n) = 2^n - 1$。当 $n = 64$ 时，$H(64) = 18\,446\,744\,073\,709\,551\,615$。假如僧侣们每秒移动一个圆盘且不犯错误，那需要大约 $584\,942\,417\,355$ 年才能完成任务！所以，梵天所言并没有夸张。

● 斐波那契数列

斐波那契数列经常会隐藏在初看与之不相干的许多问题背后，这类问题可以通过递归思维来分析，这里举三个例子。

例 1　爬楼梯问题

现在有 n 级楼梯，如果每一步可以跨 1 级或 2 级，请问从最下面爬上 n 级楼梯一共有多少种不同的爬法？

问题分析如下。假设 n 级楼梯有 $f(n)$ 种爬法，考虑第一步，有两种情况（分类）。

- **第一步跨 1 级**：剩下 $(n-1)$ 级，这是一个与原问题结构相同但规模减小了 1 的问题，总的爬法数可以表示为 $f(n-1)$；
- **第一步跨 2 级**：剩下 $(n-2)$ 级，这也是一个与原问题结构相同但规模减小了 2 的问题，总的爬法数可以表示为 $f(n-2)$。

根据加法原理，我们有下面的递推关系：

$$\begin{cases} f(n) = f(n-1) + f(n-2), \ n \geqslant 3 \\ f(1) = 1 \\ f(2) = 2 \end{cases}$$

例 2　铺地板问题

用 1×2 的地砖去铺下面的 2×10 的地板，一共有多少种不同的铺法？（图 8.4）

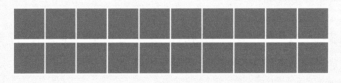

图 8.4

问题分析如下。考虑左上角的第一块地砖，可以有两种方法被覆盖。

(1) **横铺**。此时左边的 2 列地板的铺法只能如图 8.5 所示，剩下的变成了 2×8 的地板的铺法，这就是一个结构相同但规模更小的问题。

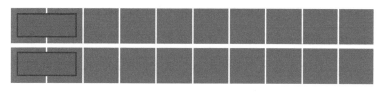

图 8.5

(2) 竖铺。如图 8.6，此时剩下 2×9 的地板，也是一个结构相同但规模更小的问题。

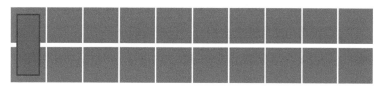

图 8.6

如果我们记 $f(n)$ 表示 n 列的铺法，那么就有下面的递推关系：

$$\begin{cases} f(n) = f(n-1) + f(n-2),\ n \geqslant 3 \\ f(1) = 1 \\ f(2) = 2 \end{cases}$$

可见，该问题的解与爬楼梯问题完全一致。

例 3 取苹果问题

8 个苹果排成一排，从中取至少一个苹果，但不能取两个相邻的苹果，一共有多少种不同的取法？

问题分析如下。我们考虑是否取第一个苹果，有两种情况。

(1) 没有取第一个苹果，则需要在剩下的 7 个苹果中至少取一个苹果，且不能有两个苹果相邻，这个问题的结构与原问题完全相同，只是规模小了 1。

(2) 取了第一个苹果，此时又可以再分为两种情况：

    a) 只取 1 个苹果，也就是剩下的苹果都不取，有 1 种方法；

    b) 至少取 2 个苹果，则显然不能取第二个苹果，在剩下的 6 个苹果中至少要再取 1 个苹果，且不能有两个苹果相邻。这个问题的结构与原问题完全相同，只是规模小了 2。

因此，假设 n 个苹果满足要求的取法为 $f(n)$，则根据加法原理有下面的递推关系：

$$\begin{cases} f(n) = f(n-1) + f(n-2) + 1, \ n \geq 3 \\ f(1) = 1 \\ f(2) = 2 \end{cases}$$

根据上述递推关系，我们可以得出：

$f(3) = 1 + 2 + 1 = 4$

$f(4) = 2 + 4 + 1 = 7$

$f(5) = 4 + 7 + 1 = 12$

$f(6) = 7 + 12 + 1 = 20$

$f(7) = 12 + 20 + 1 = 33$

$f(8) = 20 + 33 + 1 = 54$

下面这个问题是我本人生活中的一个小插曲，但其背后的数学问题也很好地体现了递归思维。

烤饼有多少种吃法？

烤饼，现烤现吃最香。由于锅子小，姥姥每次只能烤一张。每烤完一张，姥姥就把烤饼放到盘子里，每次刚烤好的饼都放在盘子的最上面。每一次，孩子都是拿盘子里最上面的那张饼，到餐桌上和大家一起分享吃完，然后再去厨房取。姥姥烤饼的速度时快时慢，孩子开始拿第一张饼的时间随机，大伙吃饼的速度也时快时慢。姥姥一共烤了 5 张饼，请问：大伙吃这 5 张饼的顺序一共有多少种不同的可能？

这个问题其实对应于计算机数据结构里的栈。栈最重要的特征就是后进先出，在我们这个问题里，就表现在后放入盘子里的饼是先被拿出来的，你不能从底下抽出一张饼来吃。

刚开始，有人可能会认为所有的顺序都可以，因此得出 5!=120 种可能顺序的结论。是不是这样呢？我们不妨先从小的数量开始探究一下。

如果只有一张饼，那么就只有 1 种吃饼的顺序；

如果有两张饼，编号分别为 1、2，那么吃饼的顺序可以是 1–2 和 2–1；

如果有三张饼，编号分别为 1、2、3，那么吃饼的顺序可以是 1–2–3, 2–1–3, 1–3–2, 2–3–1, 3–2–1。注意，3–1–2 这个吃饼顺序不可能。为什么呢？因为这个顺序表明，3 号饼是第一个被吃的，此时，1 号和 2 号饼都在盘子里，按放入的顺序，应该是 1 号在底下，2 号在上面，那吃完 3 号饼后，应该吃 2 号饼才对。

由此可见，全排列中的有些顺序是不可能的。可如果饼的数量比较多，那怎么才能确定所有可能的顺序呢？

对于 n 张饼的情况，假设总共的吃法数为 $f(n)$，如果我们考虑最后一张吃的是哪一张饼，那可以分成 n 种情况。

- 情况 1：最后吃的是 1 号饼，那表示 1 号饼一直位于盘子最底下，问题就变成了编号为 2~n 这 $(n-1)$ 张饼有多少种不同的吃法，吃完后再吃 1 号饼，总共的吃法数可以表示为 $f(n-1)$。

- 情况 2：最后吃的是 2 号饼，那表示在放入 2 号饼之前，1 号饼已经被吃掉了，而编号为 3~n 的这 $(n-2)$ 张饼则是在放入 2 号饼之后到最后吃 2 号饼之前被吃掉的，这 $(n-2)$ 张饼有 $f(n-2)$ 种吃法。根据乘法原理，共有 $f(1) \times f(n-2)$ 种方法。

  ……

- 情况 i：最后吃的是 i 号饼，那表示在放入第 i 号饼之前，大家就吃完了 1~$(i-1)$ 号饼，有 $f(i-1)$ 种吃法；而 $(i+1)$~n 号饼则是在放入 i 号饼之后到吃 i 号饼之前被吃完的，这 $(n-i)$ 张饼有 $f(n-i)$ 种吃法。根据乘法原理，共有 $f(i-1) \times f(n-i)$ 种吃法。

  ……

- 情况 n：最后吃的是 n 号饼，那表示 1~$(n-1)$ 号饼在放入 n 号饼之前已经被吃完了，对应 $f(n-1)$ 种吃法。

如果我们定义 $f(0)=1$，那么根据加法原理，总的吃法数 $f(n)$ 满足下面的递推关系：

$$\begin{cases} f(n) = \sum_{i=1}^{n} f(i-1)f(n-i), \ n \geqslant 2 \\ f(0) = f(1) = 1 \end{cases}$$

用递归思维解决问题，最重要的一环是发现相同结构的子问题。为此，我们不妨先做一些尝试，并根据第一步或最后一步可能的不同尝试进行分类，就像我们在解决铺地板问题和烤饼问题时所做的一样，这些尝试往往能帮助我们挖掘出递归的身影。

最后，给大家留一道小小的思考题。

> 连续掷点数为 1~6 的均匀骰子，如果连续若干次掷出的数之和等于 6，则停止；如果连续若干次掷出的数之和大于 6，也停止。请问：掷出的数之和等于 6 的概率是多少？

第二篇

数学之美
在感觉

09
数感

数支配着宇宙。

——毕达哥拉斯

与女儿的八次对话

对话一

我想和女儿一起数一数有多少个积木，我刚开口"1、2、3……"，女儿就打断了我："爸爸，我们可以两个两个数：2、4、6……这样不是更快吗？我还会 5 个 5 个数：5、10、15……"

对话二

我曾对女儿许下诺言，如果她背满 100 首古诗，我就带她去环球影城玩。某天，在她背完一首古诗后，我问她："还剩多少首诗，咱们就可以去环球影城了？"没想到她反问我："昨天还剩几首来着？"我说，23 首。她"狡黠"地答："那还有 22 首了。"

对话三

我让她算 20 以内的减法，我先问："14 减 5 等于几？"她回答："9。"

我问她是怎么算的。她说："14 先减 4，然后再减 1。"我接着问："15 减 6 等于几?"她很快回答 9。我又问她是怎么算的，她说："15 比 14 多 1，6 比 5 多 1，所以答案还是 9。"

对话四

晚饭后，我常常带女儿去买面包和牛奶。有一次，我们买了 8 盒大白兔牌牛奶，我问她："2 盒牛奶 5 元钱，8 盒多少钱?"她回答："20 元，因为 2 盒 5 元，所以 4 盒 10 元，8 盒就是 20 元。"

对话五

我引导她尝试进行两位数的减法，先问她 14 减 6 等于几，她答 8。我又问她 24 减 6 等于几，她答 18。我再接着问 34 减 6 等于几，她答 28。我继续问 44 减 6 等于几，她答 38。再问 44 减 16 等于几，她答 28。最后，我问 44 减 26 等于几，她答 18。

对话六

我拿了 9 块巧克力，让女儿分给我、昍妈、昍(她哥哥)和她四个人，她给每人分了 2 块后，说："爸爸，还有一块可以切成 4 份，给每人分 1 份。"

对话七

我跟她玩比大小的游戏。每个人拿两张牌，然后看谁的牌面上的数字之和大。有一次，她拿了 8 和 17，我拿了 12 和 23，她很气馁地说："爸爸，我不用加就知道你的牌比我的牌大了，因为我的 8 比你的 12 小，我的 17 比你的 23 小。"另一次,她拿了 9 和 34,我拿了 11 和 25,这一次,她欢呼起来:"爸爸,我不用加就知道我的牌比你的牌大,因为你的 11 只比我的 9 大 2,而我的 34 比你的 25 可大不少呢。"

对话八

我们还是玩比大小的游戏,但这次规定谁的两张牌的牌面数字之差小,谁就赢。有一次,她拿了 16 和 25 这两张牌,而我拿了 12 和 35。这时她就欢呼起来:"爸爸,我不减也知道是我赢了,因为我的 16 比你的 12 大,而我的 25 比你的 35 小,所以我的两张牌靠得更近!"

其实,我从这八次对话判定,年仅五岁的她逐渐找到了"数感"这件宝贝,为什么呢?且听我慢慢道来。

什么是数感?

顾名思义,数感就是一个人对数的感觉——这经常与直觉关联。学术界普遍认为,数感是一个人理解、关联、连接和使用数的能力,包括:

- 知道数的相对值,能够比较两个数的大小;
- 知道如何使用数做出正确判断;
- 在加、减、乘、除时,知道如何灵活地使用数;
- 知道如何在计数、测量或估算时,制定有用的策略。

人在早年发展起来的强烈数感是学好数学的关键,因为它将数数与数量联系起来,能巩固和完善对"多"和"少"的理解,帮助大家估计数量和测量值,并为更高阶的学习奠定基础。相反,如果缺乏良好的数感,那数学通常学不好。数感在数学学习中所扮演的角色就好比在英语学习中,自然拼读里的音素意识在阅读中扮演的角色。

比如，一个孩子在学习计算 6 加 5 时，如果不能直接从 6 开始往后数 5 个数，而总是需要从 1、2、3、4、5、6 开始数起，然后再数 7、8、9、10、11，那说明这个孩子没有很强的"数感"。

"数感"通常包含三个领域（图 9.1）。

数感的三个领域

图 9.1

● 数数

数数是将名称与数量联系起来的能力，它帮助我们理解数字系统是如何以 10 个为一组，即以 10 为基数，组织起来的。大多数数学学习困难的人缺乏计数技能。对他们来说，理解和利用数字顺序、跳跃计数和模式（如奇数和偶数）会显得很困难。

数数的方法包括一个一个地数、两个两个数、5 个 5 个数、10 个 10 个数等。在这个过程中，大家可以理解数的相对顺序、奇数和偶数、5 的倍数、10 的倍数等与十进制密切相关的概念。

除了上面的数法，我们还可以增加一些难度，进行下面的训练。

(1) 从 2 开始，以 10 为单位数到 102，再倒数回 2。

(2) 从 1 开始，3 个 3 个数，数到大于 100 为止，再倒数回 1。

(3) 从 3 开始，4 个 4 个数，数到大于 100 为止。

● 比例思维

数学中的比例思维用于思考一个数是另一个数的多少倍，或是几分之一。例如，6 是 3 的多少倍？ 12 里面有几个 4？中国人口是法国人口的多少倍？

大家可以借助下面的游戏活动和问题训练比例思维。

(1) 用一根绳子测量你的身高，按身高剪断绳子并用它来找出在教室里或家里，还有什么东西和你的身高一样长。

(2) 在一堆积木中寻找是某个积木块 2 倍大的积木块，或寻找是某个积木一半大小的积木块。

(3) 如果你有 12 块比萨，要分给 4 位朋友，每位朋友应该得到多少块比萨？

(4) 3 根铅笔卖 5 元，那 12 根铅笔卖多少钱？

我在开头提到的对话四中的计算大白兔牌牛奶的价格的问题，就需要用最朴素的比例思维进行思考。

● 整体和部分

首先要理解数的一部分是什么。比如，8 是由 7 和 1、6 和 2、5 和 3 以及 4 和 4 组成的。再如，7+3=10，其中部分是 7 和 3，而整体是 10。更进一步，23 是由 2 个十和 3 个一组成的。

其实，刚开始接触分数的时候，我们就是把分数作为一个整体里的相

等的部分来理解的。我们也可以通过分数来理解整体和部分的关系，比如

$$\frac{1}{4}+\frac{3}{4}=\frac{4}{4}=1，1 就是整体。$$

整体等于部分之和，也是欧几里得的名著《几何原本》里的公理之一。所以，整体和部分不仅体现在数，也体现于形。

本章开头提到的对话三和对话六中的例子，就展现了初步的部分和**整体观**。实际上，小学阶段最重要也最难掌握的一个运算律——乘法分配律，也是源自数的整体和部分之间的关系。

数感从哪里来？

我们的数感是从哪里来的呢？

直觉产生的"数字感"在我们很小的时候就有了。年仅两岁的儿童就可以自信地识别一个、两个或三个物体，然后，我们才能真正理解数数的意义。瑞士心理学家皮亚杰将这种即刻识别一小群物体数量的能力称为"直感"（subitising）。随着心智能力的发展，通常在四岁左右，我们就可以不用数数，就能识别出不超过四个一组的物体数量。

人们认为，即使对于大多数成年人来说，通过"直感"数清的最大数量也就是 5 个。这种技能似乎是基于大脑形成稳定的模式心理图像，并将它们与数字联系起来的一种能力。因此，如果将物体以特定的方式排列，或进行特定的练习和记忆，人们就有可能识别 5 个以上的物体。一个简单的例子是，如果把 6 个点 3 个一排排成两排，就像骰子或扑克牌上的六点图案一样，那人们就可以立即识别出"6 个"。

通常，当眼前呈现超过 5 个对象时，人们就必须使用其他的心理策

略。例如，我们可能将一组 6 个对象视为两组 3 个对象——每组 3 个会立即被认出，然后很快（几乎无意识地）被组合成 6 个。在这种策略中，不涉及实际的对象计数，而是使用"部分 – 部分 – 整体"关系和快速的心理加法。也就是说，我们运用了一个数（在这种情况下为数"六"）可以由更小的部分（数"三"）组成，以及"三加三等于六"的知识。这类数学思维在我们开始上学时就已经逐渐形成了，我们应该认真培养这种思维，因为它为理解运算和制定有价值的心算策略奠定了基础。

哪些游戏活动可以促进早期数感的形成呢？

早期的数字活动最好使用可移动的物体，例如筹码、积木和小玩具。大多数人需要具体的经验，将一组物体在物理上分成多个子组，并将小组组合成更大的组。在这"分分合合"的过程中，我们将对数数、比例思维、整体和部分有更为直接的体验。有了这些基本体验之后，更多的静态材料，如"点卡"，会变得非常有用。

点卡就是一侧贴着若干单色点的简单卡片。卡片的设计要素是点的数量和点的排列方式。这些要素的各种组合决定了每张卡片的数学结构，从而决定了它们所引发的数的关系和我们将采取哪种心理策略。

如图 9.2，考虑卡片中的点的排列。每张卡片可能会引发什么样的心理策略？根据难度级别，你会将它们按什么顺序排列？

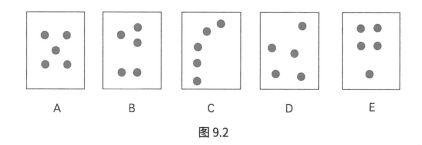

图 9.2

卡片 A 是经典的对称排列，因此，我们通常无须使用其他心理策略即可立即识别。这可能是最容易处理的 5 个物体的排列方式。

卡片 B 呈现出清晰的 2 和 3 的子组，每个子组都可以立即识别出来。通过练习，几乎所有人都能立即回忆起"二加三等于五"的计算关系。

卡片 C 的线性排列是最有可能提示计数的排列。然而，许多人会在心理上将这些点分成"两个和三个"，正如上一张卡片中一样的两组。我们也可以使用其他策略，比如看到 2 个点，然后数 3、4、5。

卡片 D 可以称为随机排列，尽管实际上这些点是经过精心组织的，以促进分组的心理活动。子组的形成方式有很多种，没有任何特定方向的提示，所以这张卡片可以被视为本系列中最难的一张。

卡片 E 展示了一种鼓励使用"四加一等于五"的子组排列关系。

游戏对于加强和发展儿童的早期数感非常有用。在玩中学，我们会兴趣满满。上面提到的卡片是比较传统的一种点卡，现在市面上比这更好玩的数学游戏有很多，大家可以自己找出来玩。

我们一旦对最多为 10 的数形成了基本的数感，就需要发展强烈的"十感"作为位值和心算的基础。下面的十帧矩形框可以有效起到这一作用。

十帧是 2×5 的矩形框，其中放置了筹码来表示小于或等于 10 的数，因此，这个游戏对在 10 的范围内发展数感非常有用。筹码的各种排列方式提示我们要对计数这些点采取不同的心理策略，并展现了 10 以内的数与 10 的关系。

如图 9.3，观察下面的三个十帧，图中显示了哪些数？筹码的特殊排列使你思考的数是什么？关于每个数与 10 的关系，你能说出什么？

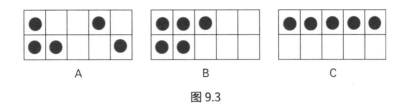

图 9.3

框 A：有 5 个筹码；通过查看帧两端的簇，或者查看顶部和底部行中的数，也许可以将其视为"三个和两个"的子组。

框 B：同样有 5 个筹码；可以视为"顶行三个、底部三个"，或"四加一"，或"二加二加一"。值得注意的是，框架里还剩下 5 个空盒子，其整体形状与满盒子的整体形状相似，这促使我们意识到"五加五等于十"。

框 C：这种安排有力地说明了"五加五等于十"的思想。它还暗示了，10 的一半是 5 的想法。如果在没有提前说明这是"十帧"的情况下，即使呈现了 5 个筹码，这种想法也不会即刻产生。

"十帧"游戏促使我们从"与 10 的关系"自动思考小于 10 的数的特点，并建立起关于数 10 的基本加法和减法的概念——这是心算的一个组成部分。例如，当一个 6 岁的孩子看见图 9.4 中的十帧时，就会说："一共有 8 个点，因为缺少 2 个。"

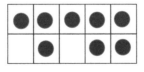

图 9.4

"十"当然是以 10 为基础的计数系统的组成部分。幼儿通常早在了解每个数的所在位置对其数值的影响之前，就可以"阅读"两位数了。例如，一个 5 岁的孩子或许能够正确地将 62 读为六十二，将 26 读为二十六，甚至知道哪个数更大，但是，孩子或许并不明白为什么这些数具有不同的值。

"十帧"游戏可以通过引入第二帧来提供理解两位数的第一步。将第二个框放在第一个框的右侧，然后引入数字卡，这将进一步有助于孩子理解"位值"（图 9.5）。

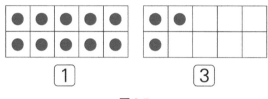

图 9.5

我最初跟女儿探讨减法的时候，比如 26 减 8，就需要把十位的 2 画为 2 组 10 个圈（图 9.6），把个位的 6 单独画成一组 6 个圈，然后她会从 26 个圈里面划掉 8 个，剩下 18 个。

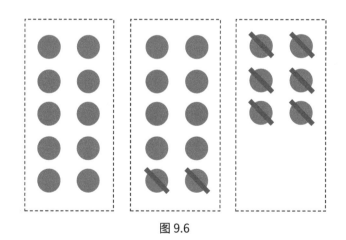

图 9.6

不过，仅是如此，她只是知道了减法的含义，距离理解位值依旧"任重道远"。然而，孩子只有理解了位值概念，才能在小学低年级把算理学明白。曾有人问我，他家娃发明了一个计算方法：三位数 $\overline{abc}\div 4=a\times 25+\overline{bc}\div 4$，这算不算是对位值原理的拓展？我说，这当然算啦！

那么，我们如何探索位值背后的理念呢？

交换，是支撑位值概念的关键之一，也是数学中的一个强大概念。它在数感的早期发展阶段中，以及所有使用四则运算进行的计算中，都起到了重要作用。但是，它也能用于更复杂的环境，例如代数替换和递归函数。幸运的是，我们不必担心在早期的数学学习中碰到复杂的内容，在简单的层面上使用这些概念，可以为未来的数学学习奠定基础。

补偿，是玩数字的能力。如果 5+5=10，则 6+5 必须是 11，因为 6 比 5 大 1，因此 6+5 的和必须比 10 大 1。或者，如果 5+5=10，则 6+4 也必须等于 10，因为 4 比 5 小 1，而 6 比 5 大 1。这其实是一个复杂的技能，很多幼儿园的小朋友还没有准备好，但有些孩子可能会很早就开始使用补偿技能。到了年纪稍大一点儿的时候，我们就可以把这种能力用于计算 99 加 101 或 452 减 299 这种稍微复杂一点儿的问题上了。

当然，数感的培养需要贯穿整个小学的数学学习阶段，到了后期，特别是数与数的关系以及估算能力，会显得尤为重要。前面提到的对话三和对话五中的例子，就是初步运用了补偿来进行计算，这说明孩子对位值有了些朦胧的概念。而对话七和对话八中的例子，就需要孩子初步具有分析数与数之间相对大小关系，以及利用这种关系来进行估算的能力。

为了获得比较准确的估算结果，需要综合考虑多种因素的影响。比如估算 93×196，如果我们直接用 100×200 作为估算结果，则误差接近 10%，这是因为我们同时高估了被乘数和乘数，而乘法本身会放大这种高估。相反，如果我们用 90×200 作为估算结果，则误差就小得多，这是因为我们低估了被乘数，但高估了乘数，从某种意义上讲，也算是运用了补偿。

位值的概念是另一个"重头戏"。我们在学多位数乘法的时候，可能只是照葫芦画瓢地去算，对背后的算理并没有过多地探究。多位数的乘法，实际体现了分配律和位值制的结合，只有在对位值概念有了比较深入的理解后，才能理解乘法竖式的内涵。比如

$$12×13=(10+2)×(10+3)=10×10+2×10+10×3+2×3$$

可以直观地表示为图 9.7 的形式。

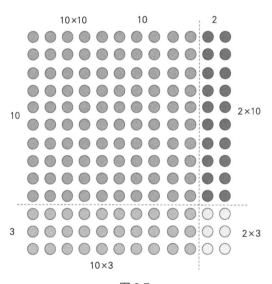

图 9.7

我们学的乘法竖式如图 9.8 左图所示。实际上，根据图 9.7 所示，图 9.8 左边的竖式乘法是图 9.8 右图的简化表示。这种随意分拆和组合数的

能力，是数感的一种外在表现。

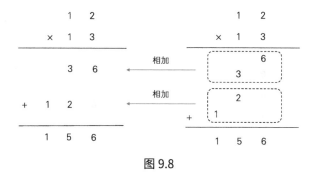

图 9.8

　　当然，位值是一个比较复杂的话题，要获取更多相关内容，大家可以阅读本书第 14 章。

10
量感

百年三万日，

一别几千秋。

——骆宾王

什么是量感？

什么是量感？量感是人通过视觉或触觉对各种物体的规模、程度、速度等方面产生的感觉，是人对物体的大小、多少、长短、粗细、方圆、厚薄、轻重、快慢、松紧等量态的感性认识。

在数学领域，人们对数感的研究较为深入，而对量感的研究较少。事实上，量感是数感的重要组成部分，也是后者的延伸。量感的培养，有助于我们理解"量"的概念，体会量的大小，并加强对数量的感知，提高估算能力。

这话说起来很简单，比如 100 米、100 千克、10 米 / 秒等，我们都可以直观地感知。然而，即便是大家熟知的单位，有些量之间的关系也让人惊讶。比如，大家都能直观感受 1 立方米和 1 毫升，可 1 立方米是 1 毫升的 1 000 000 倍，这个结论可能会让一些人感到惊讶。更糟糕的是，宇宙并非以人类尺度为基准。一旦超越了人类所能感知的尺度，很多人就没有概念了。

我们该如何提升对某个量的大小的认知呢？比较好的做法是感知、对比和转化，也就是说，用我们熟知的东西来对比和感知我们不熟悉的东西，或者，将无法感知的量转化成我们能感知的量，再进行认知。比如，小孩子在学"千米"这一单位的时候，有的数学老师会要求孩子们回家后，用散步来感知一千米的距离，这值得推崇。又比如，在我们刚学"吨"这个重量单位的时候，可能对它没什么概念。但我们知道，一个成年人的体重在 50 千克量级，一辆卡车的载重大概是 5 吨，而 5 吨 =50 千克 ×100，因此，差不多两三个班级的学生总体重才能达到 5 吨。

指数爆炸的威力

刚开始学习自然数的小朋友经常喜欢比谁说的数大。小朋友刚学了 100 以内的数时，如果一个人说"我有 99 个玻璃珠!"，另一个就会说"我有 100 个玻璃珠!"，而当他们学了千、万、亿之后，就会觉得一万、一亿是非常大的数。

再往后，等他们对位值制有了懵懵懂懂的认知后，大概会这么说："1 后面有 100 个 0 !" 1 后面有 100 个 0，这随口一说的数其实还有个学名，叫"古戈尔"（googol）。这个数的由来可是有典故的。

1938 年，数学家爱德华·卡斯纳让 9 岁的外甥米尔顿给一个大得不可思议的数取个名字，米尔顿当时就回答说叫它"古戈尔"。这个数被定义为 1 后面有 100 个 0，写成指数的形式就是 10^{100}。

事实上，这个数已经相当大了，比宇宙中已知的粒子个数还要多。但这个 9 岁的孩子显然还不满足，他又提出一个新的数，称为"古戈尔普勒克斯"（googolplex）。一开始，孩子希望把这个数定义为"在 1 后面写 0

写到手酸"那么大。后来，卡斯纳决定将它标准化，定义为"在 1 后面写古戈尔个 0"。

要知道，"写 0 写到手酸"只是一个模糊的用语，在数学上是非常不严谨的，就像很多孩子口中蹦出的"无穷"其实也是一个模糊的概念一样。但是，在从古戈尔到古戈尔普勒克斯的小小变化中，我们可以看出小米尔顿还是有数学天赋的。当然，随后古戈尔普勒克斯被精确定义，是为了体现数学的严谨性。

古戈尔已经足以涵盖宇宙了，那么"在 1 后面写古戈尔个 0"这个数到底有多大呢？古戈尔普勒克斯用数学来定义和表示，其实就是下面这个数：

$$10^{10^{100}}$$

这个数远远超出了我们人类的想象极限。

我们不妨先来看两个"更小"的数：

$$4^4 \text{ vs } 4^{4^4}$$

我们知道，$4^4=256$，这是一个我们能感知的数。后面这个数看起来也不大，会是 4^4 的多少倍呢？事实是

$$4^{4^4} = 4^{256} \approx 1.34 \times 10^{154}$$

看到没？这竟然是一个比古戈尔还大很多很多的数！

不少人都知道下面这个古老的故事。一位国王打算赏赐一位大臣，说他想要什么都可以满足。大臣说，没有什么特别的要求，只希望在国际象棋的第一个格子里放 1 粒米，第二个格子里放 2 粒米，第三个格子里放 4

粒米,第四个格子里放 8 粒米,依此类推,直到把米放满 64 个格子,国王把这些米赏赐给他就够了。这个要求看上去并不苛刻,国王很爽快地答应了。然而,国王显然不知道指数增长的威力。

这个故事很好地诠释了指数增长到底有多么恐怖。而我们在前文中给的例子则比指数增长更为恐怖,它被称为"超幂"(也称迭代幂次)。

一光年的距离

我们在日常生活中每天都要和长度打交道。比如,天文学家喜欢用 1 光年表示很远的距离。可 1 光年到底有多远? 比上海与纽约的距离远多少? 对于这些,很多人是没有直观概念的,大家只是觉得很远很远。为了能直观理解 1 光年,我们不妨用地球与太阳的距离(即日地距离,记作一个天文单位)作为参照。顾名思义,1 光年就是光在一年中走过的路程。当然,我们可以用光的传播速度(米 / 秒)去进行计算:

$$1 \text{光年} \approx 3 \times 10^8 \times 365 \times 24 \times 3600 \approx 9.46 \times 10^{15} (\text{米})$$

而日地距离约为 1.49×10^{11} 米,所以 1 光年大约为 63 490 个天文单位,也就是说,1 光年相当于 6 万多个地球与太阳的距离。

其实,我们可以换个角度来计算并感知这个量。光从太阳传到地球大约要 8 分钟,也就是说,如果太阳突然熄灭,那地球人要 8 分钟后才能感知到。那么,我们用 1 年的时间(按 365 天算)除以 8 分钟,大概就能算出 1 光年相当于多少个日地距离了:

$$365 \times 24 \times 60 \div 8 = 65\ 700$$

6 万多是什么概念呢？有些人知道"万"很大，但对此其实也没什么概念。做个类比，大家肯定就知道了：假如人人都能活到 100 岁，那我们一生总共能活大约 36 500 天。做完这个类比后，你是不是突然发现生命中的每一天都很珍贵？人的一生中真的没有多少天可以挥霍！假设我们一天就能从地球走到太阳，那一个人用整整一辈子才能将将走过 1 光年的一半！

地球与太阳的距离 1.49×10^{11} 米又是什么概念呢？我们模糊地知道这个距离很长，但到底有多长呢？地球的直径约为 12 742 千米 $\approx 1.27 \times 10^{7}$ 米，所以，日地距离就大约相当于 11 700 个地球直径的长度。地球的直径差不多是从中国到美国的飞行距离，也就是说，如果我们坐飞机，那差不多要 12 个小时能从中国飞抵美国。按照这个速度，从地球飞到太阳需要整整 16 年！当然，宇宙飞船的速度要比飞机快得多，因此，我们假如能搭乘宇宙飞船，那么从地球飞到太阳所花的时间就少多了。

一年产生的数据

《数据时代 2025》（*Data Age 2025*）的报告显示，到 2025 年，全球每年产生的数据将从 2018 年的 33ZB 增长到 175ZB，相当于每天产生 491EB 的数据。很多人觉得"ZB""EB"这种单位很陌生，只觉得它们应该很大，但这到底是啥概念呢？为了对数据单位有个大体的概念，我们可以先了解一下各种数据单位。

1B＝8b[①]

1KB＝1024B

---

① B 代表字节（Byte），b 代表一个二进制单位——比特（bit）。

1MB＝1024KB

1GB＝1024MB

1TB＝1024GB

1PB＝1024TB

1EB＝1024PB

1ZB ＝1024EB

1YB＝1024ZB

目前，我们能感知的数据量大概是 KB、MB、GB 和 TB，一台家用台式计算机的内存容量大概是 16GB，一个硬盘的内存大小约为 512GB 或 1TB，而一张照片大概有几 MB。但很多人并不知道 1GB 到底代表多少数据。为了方便讨论，我们这里把进率 1024 约等于 1000 来处理。

我们以一些书的字数作为例子。《三国演义》大概有 64 万字，我写的科普书《给孩子的数学思维课》大概有 6 万字。假设每个汉字占 2 个字节，那么《三国演义》占 128 万字节，大概 1MB 多，相当于一张照片的大小；而《给孩子的数学思维课》只有 12 万字节，因此，用 512GB 大小的硬盘可以存储大概 420 万本。假如一部电影有 1GB，那么它就相当于 8000 多本《给孩子的数学思维课》的容量。这就是现在的互联网流量大部分是视频流量的原因——视频真的是太占地儿了！

好，了解了 GB，我们再来看看陌生的 TB、PB、EB 和 ZB。1TB 相当于 1000 部电影的大小，也就是 800 多万本《给孩子的数学思维课》的容量。1PB 则相当于 100 万部电影的大小。假如一部电影需要看 1 小时，那么 100 万部电影就得看 100 万小时，大约为 114 年。也就是说，一个人穷其一生也看不完 1PB 数据量的电影。

那么，全球每年产生 175ZB 的数据量是什么概念呢？

$$175ZB \approx 175 \times 1000 \times 1000PB = 1.75 \text{ 亿 PB}$$

也就是说，如果一年产生的数据都转成视频，让全球$\frac{1}{40}$的人分别来观看，那他们一辈子都看不完这些视频！

70 亿人跳广场舞

最后，我们再来看看全世界的人口。全世界当前约有 70 亿人口。70 亿人是个什么概念呢？我曾经出过这么一道选择题。

如果让 70 亿人列成方阵一起跳广场舞，人与人的间距为 1 米，那么需要多大面积的场地呢？

（A）与印度面积相当

（B）与江苏省面积相当

（C）与广州市面积相当

（D）与圆明园面积相当

不少人的第一直觉会选 A 或 B，但真相如何呢？ 70 亿≈ 83 666×83 666。因此，一个边长 85 千米的正方形场地就能容纳 70 亿人一起跳广场舞了。边长 85 千米的正方形场地的面积是 7225 平方千米，大约相当于广州市的面积，连北京市面积的一半都不到。这个结果应该又刷新了大家的认知：原来，70 亿人好像也没有想象得那么多。

最后，我们简单总结一下：如何培养自己的量感呢？一方面，我们在日常生活中要学会用合理的量来描述所观察到的物体的长度、大小、重量、速度、温度等。比如，当我们看到一只兔子跑来跑去时，就要知道，可以用米或分米来表示兔子的体长，用千克来表示兔子的体重，用米 / 秒或千米 / 时来描述它的奔跑速度。而当兔子跳进一个装满水的盆子洗澡时，我们要知道用立方分米来描述溢出的水的体积。另一方面，对于难以凭直观感知的量，我们要善于做类比，通过转化数量关系，将无法直观感知的量转变成可以直观感知的量，从而间接地感知这些陌生的量。

11
维度

记得要仰望星空，

而不是始终盯着自己的脚。

——斯蒂芬·霍金

  维度是众多科幻作品津津乐道的话题。在诺兰导演的电影《星际穿越》中，男主角库珀在五维文明创造的超立方体中可以同时观察女主角墨菲在不同时段的存在，也可以看到过去的自己。刘慈欣的科普巨著《三体》中多处出现了不同维度的空间，如三体人在研究智子过程中所做的多维展开实验，"蓝色空间号"的船员从翘曲点进入四维空间。让我印象最深刻的是太阳系所遭受的降维打击：宇宙中的低熵体歌者，一边唱歌一边拿起了一片二向箔，随手掷向了太阳系，把后者从三维压扁成了一张巨型的二维照片。

  且不论这些科幻场景的真实性，但它们真真切切地引发了我们对于维度的思考。有一本非常有趣的科普书叫《平面国》（我在第 1 章介绍类比时提到过它），这本出版于 1884 年的书可以说是维度题材的先驱，书中对多维空间的畅想为现代科学和科幻创作的发展奠定了基础。作者还运用了大量的类比推理，试图向低维世界的公民解释高维世界的概念。

  从数学的角度来看，维度就是维数，维度之间相互正交。笛卡儿的坐标系理论适用于任意多的维数，比如，二维坐标系中一个点的坐标可以用二元组 (x, y) 来描述，三维坐标系中一个点的坐标可以用三元组 (x, y, z) 来描述，n 维空间中的一个点的坐标可以用 n 元组 $(x_1, x_2, \cdots, x_n)$ 来描述。但是，受限于我们所生活的空间维度，我们很难畅想超越三维的概念。

我们不妨用以下方法来认识空间维度：

- 一只在线上行走的蚂蚁只能前后移动，所以，我们把直线或曲线叫作一维空间；
- 一只在平面上行走的扁虫可以前、后、左、右移动，所以，我们把平面或曲面叫作二维空间；
- 一只鸟可以在我们的空间里上、下、前、后、左、右移动，所以，我们的空间是三维空间。

其实，还有一个例子可以直观地解释维度的概念：不同维度空间的人和房子。

三维空间的房子有面积、有楼层。一个人生活在这样的房子里，关上门窗，外面的人就进不来——房子就是你的私人空间。

二维空间的房子长什么样呢？没错，它就是一个封闭的图形，比如一个五边形。二维空间的人也是一个平面图形。你可以在这个封闭的房子上开一个口，作为门或窗（图 11.1）。如果你生活在二维空间，并躲在这个房子里，外面的人就无法看到你，只能看到这个房子（也就是图形）的轮廓——一条线。

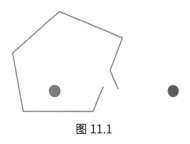

图 11.1

再退一步，一维空间的房子长什么样呢？或许你已经想到了，它就是一条线段。一维空间的人同样也是一个点或一条线段。在一维空间里，你躲在线段里就彻底安全了。线段的两个端点保证了在房子外的人窥探不到你——他们在外面能看到的房子，只是一个点。

所以，如果看谁家的房子更豪奢，在三维空间，我们要比房子的占地面积和楼层数，在二维空间，比的就是圈地面积，而到了一维空间，那就只能比一比线段长度了。

在我们的认知里，高维对低维具有决定性的优势。在电影《星际穿越》的最后，处于高维空间的男主角通过维度空间的敲击向低维空间的小女儿秒传了信息，拯救了地球。

想象一下，在二维空间里，有一个躲在房子里的二维人。假设房子的墙壁坚不可摧（在二维空间里，让墙壁更坚固的办法就是让五边形的边变得更粗），那这个二维人在晚上就可以踏实地睡觉了。但是，有个二维小偷突然获得了穿越到三维空间的能力。此时，这个二维人的房子就形同虚设了。二维小偷可以轻而易举地通过三维空间进入房间，偷走自己想要的东西，而不留下任何闯入的痕迹。

同样，对于生活在一维空间的人，他永远也无法超越站在自己前面的人。而如果他突然有了二维空间的"穿越能力"，那就能很轻易地从旁边的二维空间"弯道"超越前面的人（图 11.2）。

回到我们生活的三维空间。我们用钢筋混凝土建好房子，装好层层防盗门和防盗窗，我们自以为可以高枕无忧了。然而，对于一个拥有四维空间穿越能力的人来说，这些就是形同虚设，因为他可以从另一个维度轻而易举地进出房子而不被我们察觉。

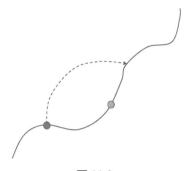

图 11.2

在第 1 章中，我们提到小说《平面国》是 19 世纪一部畅想四维空间的先驱性作品。在小说中，获得了新知的平面国主人公正方形无法容忍某些专断独裁之人把维度限制在二维、三维，或者任何小于无限的维数。他通过"严格的类比"推出四维空间和超立方体的存在。他的推理过程如下[①]：

在一维空间中，移动一个点，就能产生一条有 2 个端点的线段。

在二维空间中，移动一条线段，线段上的每个点都会留下一条直线形的轨迹，从而能产生一个有 4 个顶点的正方形。

在三维空间中，移动一个正方形，正方形中的每个点都不会经过其他点曾经占据过的地方，每个点留下的轨迹都是一条仅属于它自己的线段，从而能产生一个有 8 个顶点的立方体。

那么在四维空间中，如果朝某种全新的方向移动一个立方体，根据严格类比可知，立方体内的每一点都会穿过一种全新的空间，留下互不重叠的轨迹，从而能创造出一个比立方体更加完美的四维形状。

线段、正方形和立方体分别有 2、4、8 个顶点，这是一个几何级数。

[①] 以下引文参考译本:《平面国》，鲁冬旭译，上海文化出版社，2020 年 8 月。

一条线段有 2 个端点（侧点），一个正方形有 4 条边（侧边），一个立方体有 6 个面（侧面）。2, 4, 6，这是一个算术级数。据此，通过严格的类比就能推出这样的结论：在四维空间中，立方体生出的后代一定有 16 个顶点和 8 个侧体。

下表总结了正方形主人公的推理结论。

维数	名称	顶点数量	侧元素形状	侧元素个数
1	线段	2	点	2
2	正方形	4	线段	4
3	立方体	8	正方形	6
4	超立方体	16	立方体	8
5	五维超立方体	32	超立方体	10

在我们的认知中，星际旅行依然只存在于幻想之中。不同星系之间动辄以数十、数百光年计量的物理距离，是我们当前难以逾越的障碍。

但是，物理距离的限制实际上来自我们生活的三维空间的制约。如果我们能跳出三维空间，就会发现维度可以重新定义距离，让远在天边变成近在咫尺！

在一维空间中，两个人只能沿一维的直线或曲线移动，因此两个人之间的距离就是把线拉直后的长度。但是，如果跳出一维的限制，在二维空间中来看，这两个人之间的距离就不一定是线的长度了。如果把这根线在二维空间中弯曲，那么，线头和线尾的两个人虽然在一维空间里相去甚远，但在二维空间里却可以离得很近。

同样，如果将二维空间折叠或弯曲，那么在二维空间里的远在天边，在三维空间里就可能变成近在咫尺。地球就是一个很好的例子。地球的表面一直被看成一个二维球面，所以我们从上海到纽约，需要在地球的表面上行走。但如果我们可以直接从地心穿越过去（也就是在三维空间里穿越），那两地之间的距离就缩短了许多。更极端一点，如果我们把一张 A4 纸对折，那原本位于一条长边上的两个端点会重叠在一起，这两个端点在二维空间里的距离是两点所在 A4 纸的边的长度，但在折叠后，两点在三维空间的距离变成了零！

再来想象一下三维空间。从地球到 10 万光年以外的星球，这对目前的人类而言是一次无法实现的旅行。但如果能把三维空间折叠或弯曲呢？那么在三维空间中，这看似无法跨越的距离，是不是可以通过四维空间实现穿越呢？

再进一步，如果空间可以被拉伸呢？比如，一根橡皮筋构成了一维空间，一张有弹性的膜形成了二维空间，橡皮筋和膜可以处于自然状态或拉伸状态。一个一维空间的人怎么知道自己的空间是处于自然状态，还是被拉伸了？如果一维空间是被拉伸的，那么在回到自然状态时，两个点之间的距离就会缩短，反之则会增加。同样，三维空间也可能存在自然、被挤压和被拉伸的不同状态。我们认为自己生活的三维空间处于自然状态，但如果它变成被挤压或被拉伸的状态呢？当我们的三维空间的状态发生变化时，距离是不是也要随之发生变化呢？

牛顿发现了万有引力，他认为作用力是一种两个遥距物体的即时交互作用——一个物体可以即时影响间隔一段距离的其他物体的运动。但是，这种超距作用是怎么发生的？我们在中学上经典物理课的时候，恐怕没有人对此提出质疑。

黎曼，一位天才数学家，他的研究"推翻"了牛顿的超距作用原则。

黎曼认为，作用力源于几何学，它是几何结构扭曲所造成的必然现象。黎曼以多维空间理论简化了所有自然作用力，他认为，电力与磁力和重力一样，只是高维度空间弯曲产生的结果，这为爱因斯坦等物理学家的新发现奠定了理论基础。而从爱因斯坦开始，在过去的 100 年里，物理学家们孜孜不倦地寻找能够统合所有作用力的"万有理论"。后来人们发现，在低维度无法统一的力学，在高维却可以有完美的统一描述。

维度，真是一个既简单又高深莫测的概念。

12
尺度

宇宙浩渺，

天道循环。

——拉克斯内斯

什么是尺度？

在 2021 年的第一天，我看到了一句话："在地质钟上，人类意识仅在午夜的最后一分钟才出现。"其实，这句话蕴含的就是时间尺度的概念。人类一般觉得几千年或上百万年已经很长了，但相对于地球的演化来说，那只是一瞬间。

其实，不仅仅是时间，无论是距离、温度、声音还是光谱，人类能感知的尺度都比宇宙的尺度要小得多。然而，即便人类知道世界的基准并不是人类尺度，但我们潜意识里依然希望如此。

无论孩子还是大人，当我们了解到超越人类感知的数字、大小、光、声、热和时间时，就都能从中感受到宇宙和大自然的浩渺。相比之下，人类真的连大海里的一粒沙子都算不上。

什么叫"尺度"？通俗地说，尺度就是度量事物的准绳。维度和尺度，是两个相辅相成的概念。如果放在一个坐标系统中，维度就是坐标系统的坐标轴，而尺度就是坐标轴的单位。维度是分类的基础，尺度则决定了看待事物的层次。如果说，维度在大家眼中还比较抽象，那么尺度则无时无刻不相伴大家左右。

从长度说起

如何度量长度？这就涉及尺度。某人说，他今天走了 5.1 千米或 5100 米，你不会觉得有什么问题；但如果他告诉你，他今天走了 510 000 厘米或 5 100 000 毫米，那你一定会用异样的眼光上下打量他一番，看看他是不是哪里出问题了。

四五年级的孩子还会学到一个长度单位——光年。没错，我们讲过了，光年是长度单位而不是时间单位，它表示光在一年中所走的距离。1 光年有多远？孩子常常会好奇这个问题。我们可以大致算出

$$1 \text{ 光年} \approx 300\ 000 \times 3600 \times 24 \times 365 = 9\ 460\ 800\ 000\ 000 \text{ 千米}$$

但这串数字所代表的距离到底有多远，实际上已经超出了普通人能感知的尺度了。

如果你去量一只蚂蚁的身长，并告诉别人，蚂蚁长 0.000 003 千米，那也一定会让人一头雾水。但如果你说，蚂蚁的身长是 3 毫米或 0.3 厘米，那么大家立刻就能有直观感受。如果你想玩得"另类"一点，你可以说，一只蚂蚁的长度是 0.000 000 000 000 000 000 3 光年——别人一定会以为你是个疯子。

我们之前讲过，在天文学和物理学中，人们专门把太阳与地球的距离称作一个天文单位。1 光年大致相当于 $24 \times 60 \times \dfrac{365}{8} = 65\ 700$ 个太阳与地球

的距离。我们所在的银河系的尺度在 10 万光年左右，按照人类目前的认知，整个宇宙的尺度在 460 亿光年。这些更是远远超出了人类能感知的范畴。

从宏观走向我们肉眼观测不到的微观，微观的尺度有时也是我们难以感知的。一个细胞的尺度大约是 10 微米（单位符号 μm，1 微米等于 0.00 001 米），但正是这么微小的细胞，经过快速分裂后成了我们的每一个个体。细胞内部的原子更小，直径大概是 100 皮米（单位符号 pm，1 皮米等于 0.000 000 000 001 米）。而一个电子的直径则更是小得多。最让人感到不可思议的是，在极度宏观的尺度和极度微观的尺度上，我们能看到的竟然是几乎无差别的图案。大家可以在网上观看一部名为《从最大到最小之旅》（*Journey from the biggest to the smallest*）的短片，感受这一点。

数量与尺度

通过上面的讨论，我们看到人类在感知了宇宙的浩渺之后，会觉得自己微不足道。如果大象肚子里的某个细菌也具有智慧的话，那么大象的肚子之于这个细菌，就和宇宙之于我们人类一样浩大。再进一步，如果存在宇宙之外的尺度，那我们人类何尝不是宇宙里的一堆细菌呢？

要知道，人体内每个细胞都包含着比整个银河系里的恒星数量还多的原子。理查德·道金斯做过一个令人遐思的论断："你喝下的每一杯水里可能都有至少一个原子曾在亚里士多德的膀胱里逗留。"这个结果看似出乎意料，却相当贴合实际，因为一杯水里的原子数量远大于能装满海洋所需的水杯数。

时间尺度

时间也是很有意思的东西。人的一生大概有 100 年的样子，而每过 10 年，人们都会为自己好好庆祝一次生日。我们中国人就有"二十弱冠，三十而立，四十不惑，五十知天命，六十耳顺"的说法。但是，如果放到智能进化的尺度上，那么 10 年或 100 年就太短暂了。我们现在甚至不敢说，当今的人脑一定比 1000 年之前的人脑更聪明。我们至少要以 1 万年作为尺度来度量人脑的进化。然而，如果要显著地感知地球的生命演变或地质变化，我们的尺度可能需要拉大到 100 万年。从这个意义上讲，我们人类的一生，甚至连地球生命演化过程中的昙花一现都算不上。

刘慈欣在《朝闻道》一书中写过一段话，大概是说：在 37 万年前，当有 10 个原始人仰望星空的时间超过了预警的阈值，并对宇宙表现出充分好奇的时候，宇宙中的"排险者"就注意到了人类。

地球人不理解地问，不是说，只有在有能力产生创世能级能量过程的文明出现时，预警系统才会报警吗？排险者的回答是：当生命意识到宇宙奥秘存在时，距它最终解开这个奥秘就只有一步之遥了。比如，地球生命用了四十多亿年才第一次意识到宇宙奥秘的存在，但那一时刻，距你们建成爱因斯坦赤道只有不到四十万年，而这一进程最关键的加速期只有不到五百年。如果说，那个原始人对宇宙的几分钟凝视是看到了一颗宝石，之后你们所谓的整个人类文明，不过是弯腰去拾它罢了。

这段文字本意是想说明，人类对宇宙的好奇会加速宇宙之谜的解开。但同时，这段文字也很好地诠释了时间的尺度。

反观我们厌恶的蚊子，其生命周期大约只有 1 到 2 个月，所以尤其对雌蚊子来说，每一分钟都显得弥足珍贵，不得不抓紧时机吸血，繁殖后代。

人类尺度 vs 宇宙尺度

在很长时间内，人类总是以为自己的视野的极限就是世界的极限。随着对世界认知的逐步深入，人类知道了大自然的基准并不是人类的尺度，但我们仍然希望，在这个问题上能如自己所愿。

事实上，相比于宇宙的尺度，人类能够感知的尺度实在是微不足道。当我们重新审视周围的另外几种谱系，如光、声和温度时，就会发现新的尺度。比如，光波充斥着整个宇宙，波长从 10^{-16} 米到 10^8 米，而可见光的波长（也就是红、橙、黄、绿、青、蓝、紫）的范围大约只在 400 与 760 纳米之间，而绝大部分光波，如 γ 射线、X 射线、紫外线、红外线、微波、无线电波、长波，都超出了人类的感知范围（图 12.1）。

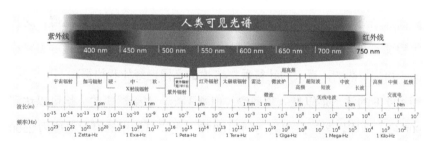

图 12.1

许多人都了解蝙蝠在黑夜定位的原理，知道蝙蝠有超越人类的能力。人类能听到的声音频率范围是很有限的，大概在 20Hz[①] 与 20kHz 之间。高于 20kHz 的，我们通常称为超声波，而低于 20Hz 的，则称为次声波。猫能听到超过 40kHz 的声音，原因可能在于小老鼠的叫声可以轻松

---

① Hz 是频率单位赫兹的单位符号。

松达到 40kHz。蝙蝠的叫声甚至能达到 100kHz。医用的超声波则在 1MHz 与 20MHz 之间。海洋动物，如座头鲸和蓝鲸，会用 10Hz 到 30Hz 的低频大声吟唱，这种低频音在海水里能传到几百千米以外。

据说，儿童能够轻松听到 20kHz 的声波，但这种能力会随着年龄的增长逐渐消失。人到中年以后，基本只能听到 15kHz 或 16kHz 以下的声音了。市场营销人员就利用了这种区别：一家安保公司用设备发出 17kHz 的嗡嗡声，来赶走在店门外闲晃的青少年。当然，很快有人找到了反向的应用，他们把手机铃声设置成高频音，于是孩子能听见手机在响，成年人（例如老师或家长）却听不见。

再来说说温度。有一天，我家孩子突然问："零下 50 度有多冷？"其实我也没感受过。有一年，南京最冷的时候气温达到了零下 12 度（这里说的当然都是摄氏度），而哈尔滨冬天的平均气温大概是零下 30 度左右。然而，绝对零度，即零下 273.15 摄氏度，又是一个什么样的温度？这肯定超过了人类的感知尺度，冥王星地表的温度就低至零下 223 度。说完冷的，再来说热的。夏天的吐鲁番，45 度的高温已经让我热得喘不过气来，而 100 度的沸水足以把人烫残废。但殊不知，木柴燃烧的火焰可以达到 900 度，地球岩浆的温度能达到 1100 度，发光灯泡里的灯丝温度为 2500 度。另外，一些温度则更远离了人类的直观感知：太阳表面的温度约为 5500 度，地核的温度为 6600 度，闪电的温度可达 28 000 度，日核的温度高达 1500 万度，热核武器的温度最高能达几亿度。

所以，我们应该以自然现象本身内在的时间和空间尺度去认识它，而不是把人为规定的时空尺度框架强加于自然界。

分形

说到尺度，在数学上不得不说一下分形。其实，我们能看到的宇宙宏观尺度和微观尺度的极其相似的图像已经有些分形的味道了。

一天，英国数学家路易斯·理查森发现，不同版本的百科全书对英国海岸线长度的说法不一，出入最多达到 20%。显然，通常的测量结果是不可能产生这么大误差的，那这 20% 的差距是如何产生的呢？

数学家和计算机专家伯努瓦·曼德尔布罗对英国海岸线长度问题的回答是：无论测量得多么仔细认真，都不可能得到英国海岸线的准确长度，因为根本就不会有准确的答案。英国的海岸线长度是不确定的！

他为什么会有这个结论呢？问题就出在测量所用的尺子上。当你用一把固定长度的直尺（没有刻度）来测量时，对于海岸线上两点间的小于尺子的长度的曲线来说，你只能用直线段长度来近似，因此，测得的长度是不精确的。就算你用更短的尺子来测量这些细小之处，可是，这些细小之处同样也是无数的曲线近似而成的。随着你不停地缩短你的尺子，你会发现细小的曲线越来越多，而你测得的曲线长度也越来越大。如果尺子短到无限小，它测得的长度就会变成无限大。

有人可能心存疑问：阿基米德的割圆术不是说，用多边形近似圆，也就是用直线近似曲线，最后能逼近圆的周长吗？但圆周长是一个有限的固定值，不是无限啊。

这两者的不同在于，海岸线在不同的尺度上呈现着自相似的结构，而圆不是。欧氏几何中的线条是光滑的，而分形的物体则不是。比如，如果我们不断地放大一片雪花，它的边界会逐步变细、变毛，这会导致它的周长越来越大，几至无限，但它的面积是有限的。由此，科赫创造了科赫雪花，科赫雪花是从边长固定的线段开始，先构造等边三角形，再由三角形的三边不断重复演化出如雪花般的图案。但只要初始的边长是固定值，雪花的面积就是固定的，无论其周长曲线有多么复杂（图 12.2）。

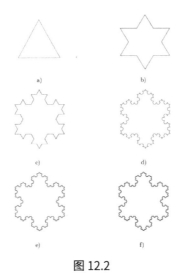

图 12.2

又如图 12.3 中的谢尔宾斯基三角形图案，它是由相同的三角形构成的。你用不同倍率的放大镜在不同尺度观察，看上去都是一样的……

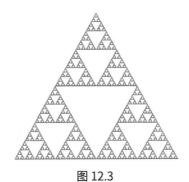

图 12.3

第三篇

数学之美
在逻辑与证明

13
证明之美

在数学中最令我欣喜的，

是那些能够被证明的东西。

——伯特兰·罗素

  我的数理逻辑课老师宋方敏教授讲的一句话，让我记忆犹新：人来到这个世界，就是为了欣赏它的美。

  世界的美有多种，其中有一种叫数学之美。这种美和艺术之美或自然之美没有那么相似，但它深深地感染着人类的心灵，不断激起人们对它的热爱，这与艺术之美倒是十分相像的。数学之美，是很自然地、明白地摆着的。遗憾的是，许多人终其一生都未能欣赏这种美。

  我们在中学和大学学过的那些数学知识，大部分人过些年也就忘了。甚至有些人最后的数学水平不知不觉地退化到了小学毕业的层次——这恐怕还是拜辅导孩子的机会所赐。但是，即便一个人的数学能力只达到了小学水平，他也足以欣赏数学之美。

  为了让更多人学会欣赏数学的美，而不是陷入"题海"的彷徨，我精挑细选了 12 个只要具有小学和最简单的初中数学背景就能理解的定理或命题的证明，分享给大家。英国著名数学家哈代认为，真正伟大的定理应该具有三个特点——精练、必然和意外。我会在尽量简单的数学知识范围内，让所选的定理或命题符合这三个特点。这些定理或命题本身在数学上就具有非常重要的价值，可以说，它们是中小学数学的基石，而它们本身的表述或证明过程又是如此优美。

勾股定理

定理： 直角三角形 ABC 中，$\angle A = 90°$，则 $AC^2 + AB^2 = BC^2$。

上榜理由： 我把勾股定理排第一，是因为它被誉为"千年第一定理"。勾股定理在数与形之间架起了一座桥梁。数形结合是一种极为重要的数学思想，我国著名数学家华罗庚先生曾说过："数缺形时少直观，形少数时难入微。数形结合百般好，隔离分家万事休。"勾股定理的证明方法众多，完美地展现了一题多解的魅力。比如，美国前总统加菲尔德也曾对其情有独钟，给出了所谓的"总统证法"。事实上，勾股定理现存有 500 多种证法，足以单写一本书。

在中国，西周时期的商高提出了"勾三、股四、弦五"的勾股定理特例，因此勾股定理有时也被称为商高定理。古巴比伦人在公元前三千年就知道并学会应用勾股定理。在西方，最早证明此定理的是公元前 6 世纪古希腊的毕达哥拉斯学派，因此，勾股定理在西方被称作毕达哥拉斯定理。我们现在就来看看勾股定理的几种精彩的证明方法吧。

证明：

证法一：教科书证法

在图 13.1 中，左、右两图中都是边长为 $a+b$ 的正方形，因此有：

$$a^2 + b^2 + 4 \times \frac{ab}{2} = c^2 + 4 \times \frac{ab}{2}$$

因此 $a^2 + b^2 = c^2$。证毕。

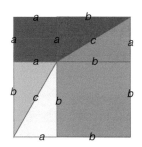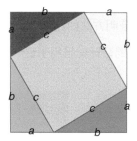

图 13.1

证法二：中国古代数学家赵爽的证明

三国时期的数学家赵爽在解释《周髀算经》时给出了被称为"赵爽弦图"的勾股定理证明（图 13.2）。

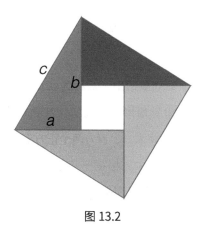

图 13.2

如图 13.2 所示，整个正方形的面积可以表示成 4 个直角三角形的面

积加上中间的小正方形的面积，即

$$c^2 = 4 \times \frac{ab}{2} + (b-a)^2$$

化简得$c^2 = a^2 + b^2$。

这一证明方法如此精妙，2002 年在北京举办的第 24 届国际数学家大会（ICM）的会标就采用了这一图案（图 13.3）。

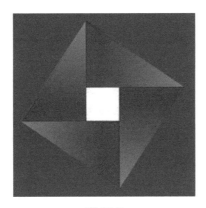

图 13.3

证法三：青朱出入图

魏晋时期著名数学家刘徽给出了被称为"青朱出入图"的证明方法。如图 13.4，一个任意直角三角形，以勾宽作红色正方形，即朱方，以股长作青色正方形，即青方。将朱方、青方两个正方形对齐底边排列，再进行割补，以盈补虚。在图 13.4 中，根据三角形 a（盈）补出三角形 a'（虚），同理，根据三角形 b 和三角形 c 补出 b' 和 c'。分割线内的部分不动，线外则"各从其类"，以合成弦的正方形，即弦方，弦方开方即为弦长。

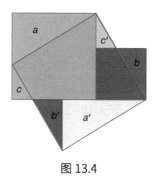

图 13.4

青朱出入图蕴含了周易"阴阳互抱，盈虚消长"的思想，这张图特色鲜明，备受后世瞩目。华罗庚先生对青朱出入图给予了极高评价："如果我们的宇宙航船到了一个星球上，那儿也有如我们人类一样高级的生物存在，我们用什么东西作为我们之间的媒介？带幅画去吧，那边风景特殊，不了解；带一段录音去吧，也不能沟通。我看最好带两个图形去：一个'数'，一个'数形关系'（勾股定理）。为了使那里较高级的生物知道我们会几何证明，还可送去上面的图形，即'青朱出入图'。"

证法四：欧几里得证法

欧几里得在《几何原本》一书中给出的证明方法虽然不如其他方法来得简洁，却充分体现了平面几何方法的一些精髓，如旋转、全等、等积变换等。

如图 13.5，分别以△ABC 的两条直角边和斜边往外作 3 个正方形，连接 FC, AD。

将△ABD 绕 B 点逆时针旋转 90°

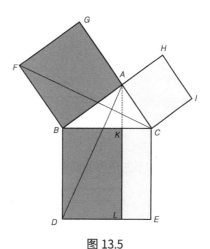

图 13.5

得到 $\triangle FBC$，因此，$S_{\triangle ABD} = S_{\triangle FBC}$。因为：

$$S_{\triangle ABD} = BD \times DL \div 2 = \frac{1}{2} S_{\text{长方形 } BDLK}$$

$$S_{\triangle FBC} = BF \times AB \div 2 = \frac{1}{2} S_{\text{正方形 } ABFG}$$

所以，$S_{\text{正方形 } ABFG} = S_{\text{长方形 } BDLK}$

同理，$S_{\text{正方形 } AHIC} = S_{\text{长方形 } KCEL}$

由于 $S_{\text{正方形 } BCED} = S_{\text{长方形 } BDLK} + S_{\text{长方形 } KCEL}$

因此 $AC^2 + AB^2 = BC^2$。

证法五：爱因斯坦证法

爱因斯坦也给出过一种勾股定理的证明方法。如图 13.6，在直角三角形 ABC 中，作斜边上的高 CD，那么 $\triangle ABC$、$\triangle ACD$ 和 $\triangle CBD$ 相似，设这 3 个三角形的斜边长度分别为 c、b 和 a。

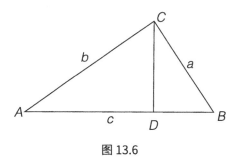

图 13.6

这 3 个三角形的面积分别可以写成：

$$S_c = mc^2$$
$$S_b = mb^2$$
$$S_a = ma^2$$

其中，m 是一个比例，以 $S_c = mc^2$ 为例，m 表示直角三角形 ABC 与边长为 c 的正方形的面积之比。由于 3 个三角形相似，因此将 $\triangle ABC$ 等比例缩小到斜边长为 b 或 a 的直角三角形，则对应有 $S_b = mb^2$ 或 $S_a = ma^2$。由于

$$S_c = S_b + S_a$$

因此 $c^2 = b^2 + a^2$。

衍生话题

通过一个原命题，我们可以构造出这个命题的另外三种形式，即逆命题、否命题和逆否命题。假如原命题以"如果 P，则 Q"的形式来表达，那么逆命题、否命题和逆否命题的形式分别如下。

逆命题：如果 Q，则 P。

否命题：如果 P 不成立，则 Q 也不成立。

逆否命题：如果 Q 不成立，则 P 也不成立。

在这四个命题中，原命题与逆否命题是等价的，逆命题和否命题是等价的，但原命题和逆命题并不等价。很多时候，原命题正确，逆命题并不正确。比如，命题"对顶角相等"是正确的命题，但其逆命题"相等的角是对顶角"显然不正确。

但是，勾股定理的逆命题是成立的，即：如果一个三角形 ABC 的三边满足 $AC^2 + AB^2 = BC^2$，则 $\angle A = 90°$。勾股定理的逆定理提供了一种通过数量关系来证明一个角是直角的方法。

素数有无穷多个

定理： 素数有无穷多个。

上榜理由： 这则定理是数论领域的支柱，素数定理、孪生素数猜想、n^2+1 猜想、黎曼猜想等都建立在这一结论的基础之上。无穷本身就是一个让大家着迷的话题。著名数学家希尔伯特曾说过："无穷！再没有其他问题能如此深刻地打动人类的心灵。"此外，欧几里得给出的证明优美绝伦，完全符合哈代的"精练、必然和意外"的要求，堪称反证法的典范。

证明：

反证法

假设素数为有限多个，不妨设所有的素数从小到大按顺序排列为：

$$p_1 < p_2 < \cdots < p_n$$

构造 $P = p_1 p_2 \cdots p_n + 1$。那么 P 不能被 $p_1, p_2, \cdots, p_n$ 中的任何一个整除，这说明：

- 要么 P 本身是素数，但 $P > p_n$，矛盾；
- 要么 P 不是素数，因此包含 $p_1, p_2, \cdots, p_n$ 之外的素因数，也矛盾！

所以，素数不可能是有限多个。

衍生话题

反证法，又称归谬法，是数学证明方法之一。它首先假设某命题不成立，然后推出与定义、已有定理或已知条件矛盾的结果，从而说明原假设不成立，即命题必须成立。当一个命题从正面不容易或不能得到证明时，就可以考虑运用反证法，这也是解决数学问题时常用的一个策略：正难则反。牛顿曾说过，反证法是数学家最精当的武器之一。本章证明 $\sqrt{2}$ 不是有理数以及第 15 章讲述康托尔证明实数集不可数时，都使用了反证法。

圆的面积公式

定理： 半径为 r 的圆面积 $S = \pi r^2$。

上榜理由： 我把圆的面积公式放在第三位，主要是因为小学数学课本上就已经给出了这一推导过程，它其实蕴含着朴素的微积分思想，连小朋友都能借此直观地感知什么叫"无穷小"，什么叫"无限逼近"。阿基米德在《圆的测量》一书中娴熟地运用这一方法证明了圆的面积公式。如果有小读者十分想挑战一下，初步学习一下微积分，建议大家从圆的面积公式推导开始。

证明：

在解释圆的面积公式时，教科书上给出了类似下面的示意图（图 13.7）。

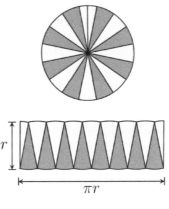

图 13.7

其实，这正体现了微分和积分的思想。把一个圆切成无限多个小扇形，这个过程就是微分的过程（图 13.8）。当扇形的个数越来越多时，扇形就越来越小，其面积也越来越近似于 $\triangle OA_1A_2$ 的面积。把这些小扇形的面积累加起来，得到整个圆的面积，就是积分的过程。

已知 $\triangle OA_1A_2$ 的面积是 $A_1A_2 \times OH \div 2$，因此有：

所有三角形的面积之和 = 内接多边形的周长 $\times OH \div 2$

当分的扇形无限多时，内接多边形的周长逼近圆的周长，OH 逼近圆的半径 r，整个圆的面积就无限逼近如下值：

圆周长 × 半径 $\div 2 = \pi r^2$

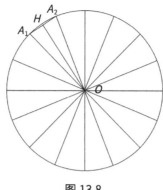

图 13.8

当然，阿基米德的证明更为严谨，他通过内接正多边形和外切正多边形两个方向来逼近圆的面积，最后证明了圆的面积公式。

衍生话题

毕达哥拉斯曾说过，一切平面图形中最美的是圆。圆周率 π 也是数学中最重要的两个常数之一（另一个是自然常数 e）。根据圆的面积公式，我们可以推导出圆心角为 θ（以弧度表示）的扇形面积公式，如下：

$$S_{扇形} = \frac{\theta}{2\pi}\pi r^2 = \frac{\theta}{2}r^2$$

如果圆心角 θ 以度数表示，则扇形面积公式为：

$$S_{扇形} = \frac{\theta}{360}\pi r^2$$

平方差公式

公式描述：两个数 a, b 的平方差等于这两个数的和乘以这两个数的差，即

$$a^2 - b^2 = (a+b)(a-b)$$

上榜理由：我选择这个公式有四个原因。首先，这个结论的代数证明可以让大家了解小学最重要的一个运算律——分配律；其次，灵活运用平方差公式有助于加快计算；再次，这个公式在中学的学习中会被频繁使用；最后，它的几何证明方法也是数形结合的好案例，证明思路也可以直接用于解决一类面积问题。

证明：

证法一：利用乘法分配律证明

$$(a+b)(a-b) = a(a-b) + b(a-b) = a^2 - ab + ba - b^2 = a^2 - b^2$$

证法二：几何证明

如图 13.9，假设大正方形边长为 a，小正方形边长为 b，则大正方形面积减去小正方形面积，即为涂绿色部分的面积。我们可以把右上角那个绿色的长方形沿着灰色箭头方向，补到右边黄色阴影部分，从而和下面的绿色阴影部分拼成了一个长为 $a+b$、宽为 $a-b$ 的长方形。因此 $a^2 - b^2 = (a+b)(a-b)$。

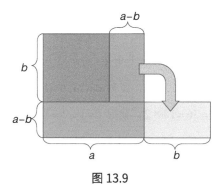

图 13.9

衍生话题

(1) 基于平方差公式，可以加快某些计算过程。比如，计算 101^2-99^2，可以直接变成

$$(101+99)\times(101-99)=400$$

公式也可以反过来用，比如

$$26\times14=(20+6)\times(20-6)=20^2-6^2=400-36=364$$

(2) 利用平方差公式，有助于找出所有勾股数。勾股数是满足 $a^2+b^2=c^2$ 的一组自然数，将公式适当变形后为：

$$a^2=c^2-b^2=(c+b)(c-b)$$

由于 $c+b$, $c-b$ 的奇偶性相同，因此如果存在满足条件的自然解，那么 a^2 应能分解为两个不同的自然数的乘积，且这两个数奇偶性相同。

据此可知，当 $a=1$ 和 $a=2$ 时，没有满足条件的解。下面根据平方差公式推导出了当 $3\leqslant a\leqslant10$ 时的所有勾股数。

$a=3$ 时，$a^2=9=9\times 1$，此时 $c=5,b=4$

$a=4$ 时，$a^2=16=8\times 2$，此时 $c=5,b=3$

$a=5$ 时，$a^2=25=25\times 1$，此时 $c=13,b=12$

$a=6$ 时，$a^2=36=18\times 2$，此时 $c=10,b=8$

$a=7$ 时，$a^2=49=49\times 1$，此时 $c=25,b=24$

$a=8$ 时，$a^2=64=32\times 2=16\times 4$，此时 $c=17,b=15$ 或 $c=10,b=6$

$a=9$ 时，$a^2=81=81\times 1=27\times 3$，此时 $c=41,b=40$ 或 $c=15,b=12$

$a=10$ 时，$a^2=100=50\times 2$，此时 $c=26,b=24$。

正方形的对角线和边长不可通约

定理： 正方形的对角线与边长之比不能表示成有理数。

如果你已经学完实数，那这个结论就可以表示为：$\sqrt{2}$ 不是有理数。如果你没学过实数，也可以提出一个问题："正方形的对角线与边长之比为什么不能表示成有理数，即两个整数之比?"

上榜理由： 数系的扩充是中小学数学学习的一条主线。通过对这个问题的探讨，我们可以接触一下数系扩充的演变史，从而对有理数和无理数形成清晰的认识，并做好小学和初中阶段数学学习的衔接。这个结论的一种证明方法非常优美，堪称集反证法、互素和奇偶性于一体的绝佳练习题。

证明：

如图 13.10，假设一个正方形的对角线长与边长之比 $\dfrac{c}{a} = \dfrac{p}{q}$ 为有理数（其中 p, q 互素），那么，根据勾股定理有

$$c^2 = a^2 + a^2 = 2a^2$$

将 $\dfrac{c}{a} = \dfrac{p}{q}$ 代入上式得 $p^2 = 2q^2$。由此可得 p 为偶数。不妨设 $p = 2k$，代入后有 $q^2 = 2k^2$，从而 q 也为偶数，这与 p, q 互素矛盾，因此 $\dfrac{c}{a}$ 不可能是有理数。

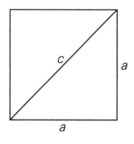

图 13.10

上面的这段文字证明了 $\sqrt{2}$ 不是有理数，按照同样的思路，我们也可以证明 $\sqrt{3}$ 和 $\sqrt{5}$ 等不是有理数。

以 $\sqrt{3}$ 为例，假设其为有理数，那么它即可以表示成两个整数之比，令

$$\sqrt{3} = \dfrac{p}{q} \,(其中\, p, q\, 互素)$$

两边平方得

$$3 = \frac{p^2}{q^2}$$
$$p^2 = 3q^2$$

由于 $3|p^2$，可得 $3|p$[①]。设 $p=3r$，代入有

$$(3r)^2 = 3q^2$$
$$q^2 = 3r^2$$

从而，得到 $3|q$，这与 $(p, q)=1$ 矛盾。证毕。

衍生话题

毕达哥拉斯学派曾认为，一切数都可以表示为两个整数之比，即表示为分数。但是，毕达哥拉斯学派的弟子希伯索斯却发现 $\sqrt{2}$ 不是有理数……这个结论不仅颠覆了毕达哥拉斯学派的理论基础，而且与其他几个悖论一起引发了第一次数学危机，最后催生了无理数。

柏拉图曾说，如果一个人不知道正方形的对角线和边长是不可通约的量，那他就不值得人的称号。

握手定理

定理： 在无向图 G=＜V, E＞ 中，所有节点的度数之和等于边数的

---

① 此处"|"是整除符号，$3|p$ 读作"3 整除 p"或"p 能被 3 整除"。

2 倍。

在有向图 G=<V, E> 中，所有节点的入度之和等于所有节点的出度之和，所有节点的度数总和等于边数的 2 倍。

在这里，度数指的是一个节点所连接的边数。比如在图 13.11 中，节点 a, b, c, d 的度数分别为 4, 3, 5, 2，其度数之和 14 为总边数 7 的 2 倍。

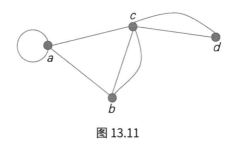

图 13.11

无向图与有向图的差别在于图中的边是否具有方向。无向图中的边是没有方向的，而在有向图中，边是有方向的，因此有向图中的边 (a, b) 和边 (b, a) 不是同一条边。

上榜理由： 图论是数学的一个重要分支，它以图为研究对象。图论中的图是由若干给定的点及连接两点的边所构成的图形，这种图形通常用来描述某些事物之间的某种特定关系。图论被广泛运用于计算机科学、运筹学等，而这个定理则是图论的基础之一。它的证明非常简洁，体现了一种整体思想，在图论的许多证明中都会有这一思想的影子。我们在这里只给出无向图的证明。

证明：

考虑一条边，有下面两种情况。

- 情况 1：如果它不是自环（边的两端是同一个顶点），那么它给相邻的两个顶点的度数都贡献了 1，总共贡献 2。

- 情况 2：如果它是自环，那么它给这个顶点的度数贡献了 2。

因此，无论一条边是否为自环，它对度数之和的贡献都为 2。因此，所有节点的度数之和即为边数的 2 倍。

根据握手定理，我们还可以得出下面的推论：

任何无向图中，度数为奇数的节点数目一定是偶数。

以下是这一推论的两种证明方法，分别代表了宏观和微观的思考角度。

证法一：宏观角度

设节点的度数分别为 d_1, d_2, $\cdots$, d_n，根据握手定理，所有节点的度数之和等于边数 m 的 2 倍，因此有

$$d_1 + d_2 + \cdots + d_n = 2m$$

假设其中有奇数个点的度数为奇数，那么 $d_1 + d_2 + \cdots + d_n$ 应该为奇数，不可能等于偶数 $2m$。因此，度数为奇数的节点数必然是偶数。

证法二：微观角度

任何一个具有 m 条边的图都可以从一条边都没有开始逐步添加 m 条边而得到。

初始一条边都没有时，图中奇点的个数等于 0，为偶数。

在后面的每一步中，在任意的两个点 u, v 之间增加一条连边，节点度数的奇偶性变化有如下三种可能。

- u, v 均为偶点：增加一条连边后，u, v 均变成奇点，奇点数 +2。

- u, v 均为奇点：增加一条连边后，u, v 均变成偶点，奇点数 -2。
- u, v 一奇一偶：增加一条连边后，u, v 度数的奇偶性互换，奇点数不变。

因此，无论 u, v 的度数奇偶性如何，在增加一条连边后，整个图中的奇点数的奇偶性保持不变——与最初相同，为偶数。

衍生话题

图论起源于一个非常经典的问题——哥尼斯堡七桥问题。这个问题是这么说的：

哥尼斯堡包含两座岛屿及连接它们的 7 座桥，普列戈利亚河流经该城的这两座岛，岛与河岸之间架有 6 座桥，还有一座桥连接着两座岛。一个散步者能否一次走遍这 7 座桥，而且每座桥只许通过一次，最后仍回到起点（图 13.12）？

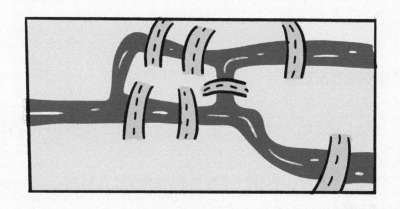

图 13.12

大数学家欧拉解决了七桥问题，并由此成为图论的创始人。欧拉图的证明过程蕴含了握手定理及其推论的证明思想。

图论中有许多看上去相似，但难度有着天壤之别的问题，比如欧拉图和哈密顿图。

欧拉图：一个连通图 G，如果节点的度数都是偶数，那么存在一条经过所有的边一次且仅一次的回路（即起点和终点相同）；如果只存在两个节点度为奇数的点，那么存在一条经过所有的边一次且仅一次的通路（起点和终点不同），且起点和终点即为这两个奇点。具有欧拉回路的图称为欧拉图，具有欧拉通路而无欧拉回路的图称为半欧拉图。

哈密顿图：通过图 G 的每个节点一次且仅一次的通路（回路），就是哈密顿通路（回路）。存在哈密顿回路的图被称为哈密顿图。

判断一个图是否为欧拉图，方法很简单，但判断一个图是否为哈密顿图，至今仍没有太好的办法。

带余除法表示定理

定理：设 a 是一个整数，d 是一个正整数，那么存在唯一的 q 和 r（$0 \leq r < d$），使得 $a = dq + r$。

这是小学阶段学除法时一个很重要的知识点，比如 $23 \div 6 = 3 \cdots\cdots 5$，可以表示成 $23 = 6 \times 3 + 5$。

　　上榜理由：带余除法的一个重要作用是将整数进行了分类。整数有无穷多个，通过带余除法，把无穷多个整数按照相同的特征分为有限多的类，我们就可以进行分类讨论，如抽屉原理、代数、数论、群论等许多数学理论都建立在带余除法的基础之上。

　　证明：我们需要分别证明存在性和唯一性。

　　先证存在性。将所有 $a-dq$（q 为整数）为非负的数构造一个集合，那么这个集合一定非空，因为 q 可以取任意大的负整数。

　　取出集合中最小的元素 $a-dq_0$，记其值为 r，即 $a-dq_0=r$。

　　下面证明 $r < d$。假如 $r \geq d$，那么

$$a-d(q_0+1)=a-dq_0-d=r-d \geq 0$$

也属于这个集合，并且 $r-d < r$，与 $r=a-dq_0$ 是这个集合中的最小元素矛盾。所以，q_0, r 满足要求。

　　然后证唯一性。假设存在两组 q_1，r_1，q_2，r_2 同时满足：

$$a=q_1 d+r_1=q_2 d+r_2\,(0 \leq r_1, r_2 < d)$$

则有

$$(q_1-q_2)d=r_2-r_1$$

由于左边是 d 的倍数，因此 $d|(r_2-r_1)$。由于 $0 \leq r_1$，$r_2 < d$，因此有 $-d < r_2-r_1 < d$。所以只能是 $r_2-r_1=0$，从而 $q_1=q_2$。唯一性得证。

衍生话题

带余除法在小学阶段显得如此基础，很多人甚至不把它当成一个定理。实际上，带余除法不仅是关于数的，也是中学阶段要学习的多项式运算的基础，是贯穿数论和代数的主线之一。在整数的带余除法里，我们要求余数小于除数；类似地，在多项式的带余除法里，我们要求余式的次数小于除式，如

$$2x^3 - x^2 + 9x = (x^2 + 3)(2x - 1) + 3x + 3$$

其中，$2x^3 - x^2 + 9x$和$x^2 + 3$分别为被除式和除式，$2x - 1$和$3x + 3$分别为商式和余式。

辗转相除法

定理：

给定非负整数 $a \geqslant b$，那么 a, b 的最大公约数

$$\gcd(a, b) = \gcd(b, a \bmod b)$$

也简记为 $(a, b) = (b, a \bmod b)$。例如：

$$(108, 45) = (45, 18) = (18, 9) = 9$$

上榜理由：辗转相除法（又称欧几里得算法）是一种求最大公约数的方法，把它列在这里有三点原因：一，它涉及了数学中重要

的概念——带余数的除法；二，它在数论中具有重要作用，除了可以快速地求出两个数的最大公约数之外，还可以用于证明裴蜀定理，因此在数论研究中被广泛使用；三，辗转相除法体现了递归或迭代的算法思想，而这类思想是解决许多数学与计算机问题的法宝（参见第 8 章）。

证明：

根据带余除法，可以设 $a=qb+r$（$0 \leqslant r<b$），则上面的等式变为

$$\gcd(a, b)=\gcd(b, r)$$

假设 $d=\gcd(a, b)$，那么 $d|a$ 且 $d|b$，因此 $d|(a-qb)$，即 $d|r$。所以，d 也是 b, r 的公约数，从而 $\gcd(a, b) \leqslant \gcd(b, r)$。

反之，如果 $d=\gcd(b, r)$，则 $d|b, d|r$，那么 $d|(qb+r)$，即 $d|a$。所以，d 也是 a, b 的公约数，从而 $\gcd(b, r) \leqslant \gcd(a, b)$。

因此 $\gcd(a, b)=\gcd(b, r)$。证毕。

衍生话题

根据辗转相除法，很容易得出以下结论：

- 任何相邻的两个自然数互素，即 $(n, n+1)=(n, 1)=1$；
- 任何相邻的两个奇数互素，即 $(n, n+2)=(n, 2)=1$；
- 任何差为 2^k 的两个奇数互素，即 $(n, n+2^k)=(n, 2^k)=1$。

在数论中，还有一则重要的裴蜀定理，其表述如下：

两个数 a, b 的最大公约数 $\gcd(a, b)$ 可以表示成 a, b 的线性组合，即存在整数 s, t 使得 $sa+tb=\gcd(a, b)$。特别地，如果 a, b 互素，那么存在 s, t，使得 $sa+tb=1$。

裴蜀定理只是表明了 s, t 的存在性，而辗转相除法则可以帮助确定这个线性表示的系数 s, t。

等差数列求和

定理 / 命题：

首项为 a、公差为 d 的等差数列 $a, a+d, a+2d, \cdots$ 的前 n 项之和为

$$na+\frac{n(n-1)}{2}d。$$

上榜理由： 很多小读者可能在小学阶段就已经见过等差数列求和公式了，因此，有人看到这个公式恐怕也没什么感觉了。但我仍然选择它，一方面是因为这个公式在数学里的重要性，另一方面也是因为它在推导过程中所展现出的简洁、对称和整体美。据说，"数学王子"高斯在小学的课堂上自己悟出并推导出了这个公式，让老师刮目相看。

证明:

我们先看看高斯当年是怎么求出 $1+2+3+\cdots+100$ 之和的。他的思路很简单,就是将式子倒过来写一遍,然后相加。

$$S=1+2+3+\cdots+100$$
$$S=100+99+98+\cdots+1$$

两式相加得 $2S=101\times100$,因此

$$S=101\times100\div2=5050$$

一般化地,对等差数列 $\{a_i\}$ $(a_i=a_1+(i-1)d)$,做类似于上面的操作:

$$S=a_1+a_2+\cdots+a_n$$
$$S=a_n+a_{n-1}+\cdots+a_1$$

上下两式相加除以 2,得

$$S=\frac{(a_1+a_n)n}{2}=\frac{[2a_1+(n-1)d]n}{2}=na_1+\frac{n(n-1)}{2}d$$

衍生话题

从第二项起,后面一项与前面一项之比是一个常数的数列被称为**等比数列**。等比数列求和也体现了类似的整体美。例如:

$$S=1+3+9+\cdots+3^{n-1}+3^n \tag{1}$$

两边同时乘以 3 得:

$$3S=3+9+27+\cdots+3^n+3^{n+1} \tag{2}$$

(1) 式减 (2) 式得：

$$2S = 3^{n+1} - 1$$

所以

$$S = \frac{3^{n+1} - 1}{2}$$

$$C(n, 0) + C(n, 1) + C(n, 2) + \cdots + C(n, n) = 2^n$$

公式表述：

$$C(n,0) + C(n,1) + \cdots + C(n,n) = 2^n$$

其中，$C(n,i)$ 为从 n 个不同的物体中任意选 i 个的不同选法数。

上榜理由：一，这个公式与中学阶段要学的重要的二项式定理相关；二，它和计数里的加法原理和乘法原理密切相关，可被看成加法原理和乘法原理的直接应用；三，其证明过程完美展现了什么是"一题多解"。

证明：

我们这里不采用二项式里的证明方法，只使用小学生也能明白的加法原理和乘法原理进行证明。在数学里，这种证明方法也被称为组合证明。

考虑下面的问题：

假设有 n 个不同的物品，要从中取若干个物品（可以 1 个不取，也可以全取），一共有多少种不同的取法？

基于加法原理，可以把满足上面要求的取法分为 $(n+1)$ 种情况。

情况 1：取 0 个物品，即 $C(n, 0)$

情况 2：取 1 个物品，即 $C(n, 1)$

情况 3：取 2 个物品，即 $C(n, 2)$

　　⋮

情况 $n+1$：取 n 个物品，即 $C(n, n)$

根据加法原理，一共有 $C(n,0)+C(n,1)+\cdots+C(n,n)$ 种不同的取法。

下面我们换个思考方法。利用乘法原理，可以把任务分成 n 步，第 i 步确定是否取物品 i，那每一步有两种选择，一共有 2^n 种。

由于两种计数方法计算的是同一个问题，因此有：

$$C(n,0)+C(n,1)+\cdots+C(n,n)=2^n$$

衍生话题

我们换个角度讲讲第 6 章提到的杨辉三角形：其第 n 行（n 从 0 开始）对应的数就是二项式 $(x+y)^n$ 展开式每一项的系数。可以看到，第 n 行的所有系数之和就是 2^n。

```
                         1
                       1   1
                     1   2   1
                   1   3   3   1
                 1   4   6   4   1
               1   5   10  10   5   1
             1   6   15  20  15   6   1
           1   7   21  35  35  21   7   1
         1   8   28  56  70  56  28   8   1
       1   9   36  84  126 126  84  36   9   1
```

多边形的内角和

命题: 对于简单 n 边形（$n \geqslant 3$），其内角和为 $(n-2) \times 180°$。[①]

    上榜理由: 一，在小学阶段，老师在讲"三角形内角和是 $180°$"时，一般会将三角形的三个角剪下来，再拼成一个平角，让孩子直观感受这个结论，而数学需要理性的证明，这个问题正好展现了如何从感性直观上升到理性认知；二，小学乃至中学的大部分涉及角度的问题，都要用到这个结论，特别是三角形的内角和是 $180°$ 这个结论；三，相关内容被广泛用在计算几何学中，为计算机图形学奠定了基础。

[①] "简单 n 边形"是指不存在两条边交叉（如五角星）的多边形，比如三角形、四边形、五边形的内角和分别为 $180°$、$360°$ 和 $540°$。

证明：

首先，我们证明三角形的内角和是 180°。如图 13.13，在 △ABC 中，延长 BC 至 CD；过 C 点做 BA 的平行线至 CE。由于 BA//CE，所以有 ∠DCE=∠B（同位角相等），∠ECA=∠A（内错角相等）。因此

$$\angle A+\angle B+\angle C=\angle ECA+\angle DCE+\angle ACB=180°$$

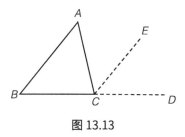

图 13.13

然后，我们证明 n 边形的内角和是 $(n-2)\times180°$。由于任何一个 n 边形都可以分割为 $(n-2)$ 个三角形（图 13.14），而每个三角形的内角和是 180°，因此 n 边形的内角和为 $(n-2)\times180°$。

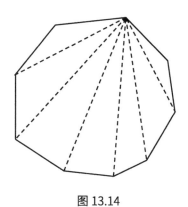

图 13.14

衍生话题

　　这里并没有要求多边形一定是凸多边形，它也可以是凹多边形。凸和凹很形象，用数学的语言表述，对于凸多边形，其内部任意两个点的连线一定位于该多边形的内部，而对于凹多边形则不然，其内部两个点的连线可能有部分位于该多边形的外部，如图13.15所示。理解了凸和凹可以为以后要学习的凸函数和凹函数做铺垫。

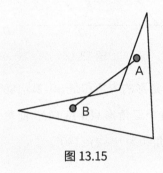

图 13.15

算术基本定理（素因数分解唯一定理）

　　定理：每个大于 1 的自然数都可以被唯一地写成素数的乘积，在乘积中的素因子按照非降序排列。

　　例如，$240 = 2 \times 2 \times 2 \times 2 \times 3 \times 5 = 2^4 \times 3 \times 5$。

　　注意：为方便起见，可以把相同素数的所有因子组合在一起，写成这个素数的幂次，比如 4 个 2 相乘写成 2^4。

上榜理由： 这则定理在数论中具有基础性地位，它表明素数是自然数的基本构成原子。也因此，对自然数的研究可以转化为对素数的研究。这就是为什么几千年来无数人对素数如此痴迷。

证明：

首先，用反证法证明存在性。假设存在大于 1 的自然数不能写成若干个素数的乘积，把其中最小的那个自然数称为 n。

显然，n 不能是素数，因为素数可以被看成 1 和自身的乘积。

因此 n 只能是合数，但每个合数都可以分解成至少两个小于自身而大于 1 的自然数的积，不妨设 $n=ab$，其中 $1<a<n$，$1<b<n$。根据假设，n 是不能写成若干个素数乘积的最小自然数，因此 a 和 b 都可以写成素数的乘积。从而 n 也可以写成素数的乘积，由此产生矛盾。

因此，大于 1 的自然数必可写成素数的乘积。

然后，用反证法证明唯一性。

假设存在大于 1 的自然数 n 可以用两种方法写成素数的乘积

$$n = p_1 p_2 \cdots p_r = q_1 q_2 \cdots q_s$$

其中 $p_1, p_2, \cdots, p_r$ 和 $q_1, q_2, \cdots, q_s$ 为素数，且

$$p_1 \leqslant p_2 \leqslant \cdots \leqslant p_r, \quad q_1 \leqslant q_2 \leqslant \cdots \leqslant q_s$$

在这两个分解式中约去相同的素数，得到：

$$p_{i_1} p_{i_2} \cdots p_{i_u} = q_{j_1} q_{j_2} \cdots q_{j_v}$$

其中，等式左边的素数与等式右边的素数不同，且$u \geq 1$，$v \geq 1$。这表明，一定有某个k，使得$p_{i_1} \mid q_{j_k}$，但这是不可能的。因此，n的素因子分解是唯一的。

衍生话题

基于素因数分解，我们可以求两个数的最大公约数和最小公倍数。

假设x, y的素因数分解分别如下：

$$x = p_1^{a_1} \times p_2^{a_2} \times \cdots \times p_n^{a_n}$$
$$y = p_1^{b_1} \times p_2^{b_2} \times \cdots \times p_n^{b_n}$$

其中，$a_i \geq 0$，$b_i \geq 0$，且$p_1, p_2, \cdots, p_n$都是素数。

(1) 求最大公约数

$$(x, y) = p_1^{\min\{a_1, b_1\}} \times p_2^{\min\{a_2, b_2\}} \times \cdots \times p_n^{\min\{a_n, b_n\}}$$

其中，$\min\{a_i, b_i\}$表示取a_i和b_i中较小的那个。

例如，360和140分解素因数后如下：

$$360 = 2^3 \times 3^2 \times 5$$
$$140 = 2^2 \times 5 \times 7$$

则$(360, 140) = 2^2 \times 5$

(2) 求最小公倍数

$$[x, y] = p_1^{\max\{a_1, b_1\}} \times p_2^{\max\{a_2, b_2\}} \times \cdots \times p_n^{\max\{a_n, b_n\}}$$

其中，$\max\{a_i, b_i\}$ 表示取 a_i 和 b_i 中较大的那个。

例如，360 和 140 分解素因数后如下：

$$360 = 2^3 \times 3^2 \times 5$$
$$140 = 2^2 \times 5 \times 7$$

则 $[360, 140] = 2^3 \times 3^2 \times 5 \times 7 = 2520$

14 记数的逻辑

数学是一种理性的精神，
使人类的思维得以运用到最完善的程度。
——菲力克斯·克莱因

一则小故事

据传，中国古代南方有个不识字的大地主，他靠欺诈百姓搜刮了许多钱财。为了把自己的钱财交给一个有学问的人来继承，他从当地请了一位十分有名的老师来教儿子识字。

第一天，老师教地主的儿子写字，刚教完"一""二""三"这三个字，地主的儿子就扔下笔高兴地跳起来，说："识字原来这么简单，何必要请老师呢！"惜财如命的地主听了这话，觉得儿子很聪明，根本就不用老师教，于是当天就把老师给辞退了。

过了几天，地主要请一位朋友来家做客，就叫儿子写个请柬。地主的儿子一大早就开始写了，可是大半天都没有写完。

当地主过去询问儿子为什么还没写完的时候，儿子很不耐烦地回答："姓啥不好，偏偏要姓万。我半天才写了五百多画！"

很多人读完这个故事觉得好笑，其实这则故事背后隐藏着一个深刻的问题：我们怎么来记数？

加法记数

自然数虽然不是实实在在存在的物体，却表述着一种客观存在。人类的历史要比自然数的历史长得多。但是，在自然数的概念诞生之前，牧羊人也得确认早上赶出去的羊到晚上是不是都回来了。石子记数或结绳记数都属于早期文明的做法，它们与故事里地主儿子用的方法一样，都属于加法记数。

这种记数法采用了最朴素的一一对应思想。有一个东西，就用一根棍子、一颗石子或一个绳结来表示，有两个东西，就用两根棍子等物品来表示。这种方法最大的问题是，当数比较大的时候，棍子、石子或绳结就不够用了。

我们很自然会想，如果有不同粗细的棍子，或不同大小的石子，那能不能让不同的棍子或石子对应不同的数量呢？比如，让长棍子表示 10 个物体，短棍子表示 1 个物体。

下面的两个案例就是这一思想的体现。

据说历史上南美洲有个国家叫作 Bakairi，那里的人有自己的加法记数系统来表示数：

1 = tokale

2 = azage

3 = azage tokale

4 = azage azage

5 = azage azage tokale

6 = azage azage azage

很容易看出，在这个记数系统里，tokale 表示 1，azage 表示 2，因此

azage azage azage azage tokale 表示 9。而为了表示 240 这个数，要用整整 120 个单词！

azage azage azage azage azage azage azage azage azage azage azage azage

azage azage azage azage azage azage azage azage azage azage azage azage

azage azage azage azage azage azage azage azage azage azage azage azage

azage azage azage azage azage azage azage azage azage azage azage azage

azage azage azage azage azage azage azage azage azage azage azage azage

azage azage azage azage azage azage azage azage azage azage azage azage

azage azage azage azage azage azage azage azage azage azage azage azage

azage azage azage azage azage azage azage azage azage azage azage azage

azage azage azage azage azage azage azage azage azage azage azage azage

azage azage azage azage azage azage azage azage azage azage azage azage

古希腊记数系统使用了更多的符号，但本质上也是基于加法的一种记数系统（图 14.1）。

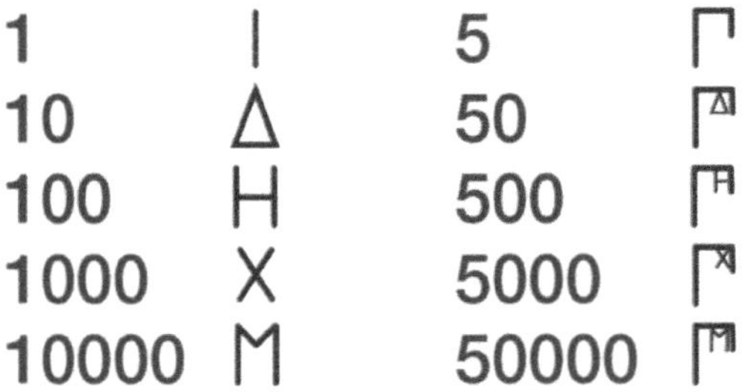

1	|	5	Γ
10	Δ	50	Γ
100	H	500	Γ
1000	X	5000	Γ
10000	M	50000	Γ

图 14.1

在这个记数系统里，表示 632 需要用 7 个符号（图 14.2）。

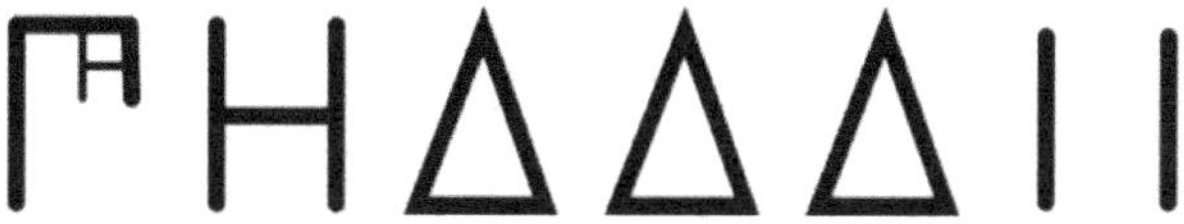

⌐⊓Hⴄ△△ΙΙ

$$500 + 100 + 10 + 10 + 10 + 1 + 1 = 632$$

图 14.2

位值制记数

　　早期文明的这些记数系统显然不太实用。一个数的数值必须由所有符号所代表的数值逐个相加而得，同样的符号无论出现在什么位置，所代表的数值都一样。可想而知，如果符号的种类有限，那要表示比较大的数的时候，所用的符号数量就会变得巨大无比。而如果要减少使用的符号数量，那就不得不增加符号的种类。

　　为了克服这一缺陷，人们想到了一个方案：能不能用同样的符号表示不同的数值？位值制就是基于这一思想而来的。它最核心的一点就是：同样的符号位于不同的位置，可以表示不同的数值。

　　现在，世界各地广泛采用了十进位值制的记数系统，该记数系统使用了 10 个符号进行记数。虽然全世界的人类所使用的语言多有不同，但在各自文明的发展过程中，大家却有一个惊人的相似之处——人们最终几乎不约而同地采用了十进位。

　　当今世界通常统一使用 0、1、2、3、4、5、6、7、8、9 这 10 个数字表示十进制的 10 个符号，这些符号被称作阿拉伯数字。实际上，阿拉伯数字的发明应归功于古印度人。古印度大约在公元前 3 世纪才开始使用记数符号，之后，逐渐地形成了十进制记数系统，但直到公元 6 世纪才采用位值制。这些数字符号在公元 8 世纪左右先传到阿拉伯地区，后经阿拉伯地区传到欧洲，所以它们被称为"阿拉伯数字"。

差不多在同一时期，印度数字随着佛学东渐也曾传入中国，但并未被当时的中文书写系统所接纳。大约在公元 13 到 14 世纪，阿拉伯数字再次被带入中国，不过，同样没能引起关注。明末清初，中国学者开始大量翻译西方的数学著作，如李之藻与利玛窦合译的《同文算指》（1613 年），但是，书中的阿拉伯数字都被翻译为汉字数字。直到 19 世纪下半叶，由于西学东渐和洋务运动对西方科学知识的传播和普及，国人对阿拉伯数字的了解才日渐加深，其便利性才逐渐得到了认可。

采用位值制表示的记数系统，有以下三个重要概念。

数码：用不同的数字符号来表示一种数制的数值，这些数字符号被称为"数码"。N 进制需要 N 个数码，如十进制需要 0~9 这 10 个数码，而二进制只需要 0 和 1 两个数码。

基：数制所使用的数码个数称为"基"。例如，十进制的基为 10，二进制的基为 2。

权：某个数的每一位所具有的值称为"权"。例如，在十进制数 243 中（图 14.3），"2"表示 2 个百（10^2），"4"表示 4 个十（10^1），"3"表示 3 个一；在二进制数 1101 中，从左至右的 3 个"1"分别代表 1 个 2^3、1 个 2^2 和 1 个 2^0。

通俗地讲，几进制就是逢几进一。同一个数在不同的进位制记数系统里有不同的表示。除了十进制，现代常用的记数系统还有二进制、八进制、十六进制。值得一提的是，十六进制需要用 16 个数码，除了 0~9 这 10 个阿拉伯数字之外，还用了 A~F 这 6 个字母。事实上，用哪些符号并不重要，只需要有 16 个不同的符号分别表示 0~15 这 16 个不同的数码就可以了。

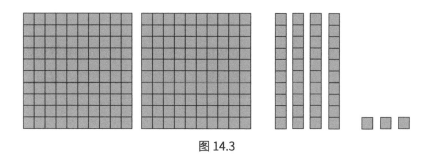

图 14.3

其实，十进制在中国古代早已有了。我国古代基于十进位制的算筹记数法，在世界数学史上可谓是一项伟大的发明。据记载，古代的算筹实际上是一根根同样长短和粗细的小棍子，大多用竹子制成，也有用木头、兽骨、象牙等材料制作而成的。需要记数和计算的时候，人们就把它们取出来，放在桌上或地上摆弄。采用算筹记数时，以纵、横两种排列方式来表示数字（图 14.4）。

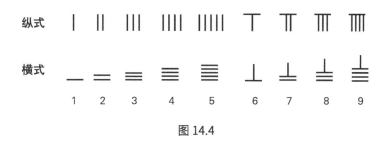

图 14.4

表示多位数时，用纵式表示个位、百位、万位等，用横式表示十位、千位、十万位等，需要表示零时则置空。图 14.5 分别给出了 6728 和 6708 两个数的算筹表示。

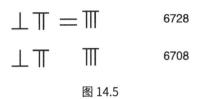

⊥╥ = ▥	6728
⊥╥ ▥	6708

图 14.5

与世界上其他古老民族的记数法相比，中国古代的十进制算筹记数法具有位值制思想，其优越性是显而易见的。早在商代时，中国已采用了十进位值制。古罗马的记数系统没有位值制，因此想表示大一点的数目时，就相当烦琐。古巴比伦人用的是六十进制，足足有六十个数码，难以记忆。可以说，中国古代数学的繁荣与持续发展与算筹这一伟大的发明是紧密相关的。

采用了位值制记数后，表示一个数所需要的符号数大大减少，计算也变得更为简单。别看在前面例子中，古希腊加法记数系统里一个符号可以表示 50 000，而用二进位值制表示为 1100001101010000，足足需要 16 位！但如果要表示 1 亿，用古希腊加法记数则需要 2000 个符号，而用二进制表示为 101111101011110000100000000，只需要 27 位，如果用十进制表示更是仅需要 9 位。这就是指数增长的威力！

可以说，位值制极大地促进了数学的繁荣与发展。从加法记数到位值制记数的变化，使人类文明向前迈出了一大步。

有没有一进制？

这里有一个小插曲值得一提。我在给孩子们讲二进制的时候，有个孩子问了一个很有意思的问题："有没有一进制？"对啊，我们讲过十进制、十六进制、二进制，但怎么从没听说过一进制呢？

我们知道，十进制有 10 个数码，分别用 0、1、2、3、4、5、6、7、8、9 来表示，它的记数方式是逢十进一。二进制只需要两个数码，即 0 和 1，它的记数方式是逢二进一。

我们先考虑一个最简单的问题：如何表示 1？在十进制和二进制中，我们都只要用数码 1 来表示 1 就行了。但是如果有一进制，那怎么来表示 1 呢？

顾名思义，一进制（假如有的话）应该逢一进一。问题随之来了：个位是 1，那就要进 1，进到十位，又是 1，又得进位……如此循环反复，要无限制地往前进位。所以在一进制里，最简单的数 1 都无法表示，更别说其他数了。

我们可以从另一个角度来看这个问题。在十进制中，每一位上可以放 10 个不同的数码，因此在十进制中，数码占两个数位可以表示出 10×10=100 种不同的状态，即可以表示数 0~99；类似地，在二进制中，每一位上可以放两个不同的数码，因此，数码占两个数位可以表示出 2×2=4 种不同的状态，即可以表示数 0~3。但是，对于一进制来说，每一位上只能放 1 个数码，因此在一进制数中，两个数位也只能表示 1×1=1 个状态——事实上，无论是多少位，一进制都只能表示 1 个状态。因此，一进制没法表示不同的数。

有人可能会说："不是啊，假如我就用一个数码 1，那么 1、11、111、1111……这样可以表示不同的数，比如分别代表 1、2、3、4……"确实，你可以这么定义，但这已经不是基于位值制的记数表示方法了，而是基于加法系统的记数表示法。其原理就跟用几根小木棍来表示几是一个道理。想象一下，如果你要表示 10 000，你得有 10 000 根小木棍才行啊！

15 无穷的魅力

无穷！

再没有其他问题能如此深刻地打动人类的心灵。

——希尔伯特

2021 年，中国国家统计局发布了第七次人口普查的结果，其中特别强调了性别构成：

从性别构成上看，出生人口性别比稳步下降，性别结构得到改善。普查结果表明，总人口性别比为 105.1，与第六次全国人口普查时的 105.2 相比基本持平，略有降低。从出生人口看，出生人口性别比 2020 年为 111.3，较 2010 年降低了 6.8，逐渐趋向正常水平。

为啥国家要这么关心性别比例？原因之一是我国实行一夫一妻制，如果男女比例失调，会引起严重的社会后果。"一夫一妻"可是数学里最重要的一个概念——一一对应——的最好诠释。

对于两个有穷的集合，比如男人和女人，如果要建立双向的一对一，那么这两个集合中的东西一定是一样多的。任何一个集合多一个元素，都不行。

但如果是两个无穷大的集合呢？不急，咱慢慢来。

刚开始学数数的小朋友喜欢比谁说的数更大，比如他们会说一万、一亿、一万亿……突然有一天，从某个小朋友口中蹦出了"无穷"一词，争论就结束了。可无穷到底有多大？在解释这个问题之前，我们不妨先从希尔伯特旅馆问题（图 15.1）开始讲起。

图 15.1

话说有个老板开了家旅馆，只有 300 个房间。某天，旅馆住满了，这时又来了一位要住店的客人。老板没办法，只能无奈地摇摇头。可另有一个老板，他的旅馆有无穷多间房。某天，这家旅馆也住满了，这时也来了一位要住店的新客人。前台服务员刚想把客人打发走，老板及时出现，喊住了转身想离开的客人："等一下，我给您安排房间。"只见老板不慌不忙，把 1 号房间的客人调到 2 号房间，把 2 号房间的客人调到 3 号房间……把第 n 号房间的客人调到第 $n+1$ 号房间。这时，1 号房间就被腾出来了，新客人顺利入住（图 15.2）。

服务员若有所思：原来还可以这样操作啊……再往后，每当旅馆住满却新来了几位客人时，服务员也会如法炮制，挪腾房间了。

有一天，旅馆依旧客满。可这次来了一辆大巴，大巴上坐着无穷多位客人，这些客人都要求住店。这可把服务员急坏了，老板之前的招数好像不好使了。无奈之下，他只能再次紧急求助老板。

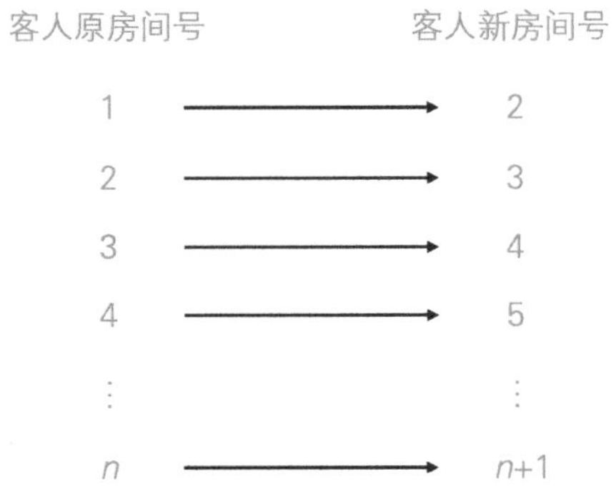

客人原房间号　　　　　客人新房间号

1 ⟶ 2

2 ⟶ 3

3 ⟶ 4

4 ⟶ 5

⋮ ⋮

n ⟶ $n+1$

图 15.2

　　没想到，老板依旧不慌不忙。只见他把 1 号房间的客人调到 2 号房间，把 2 号房间的客人调到 4 号房间，把 3 号房间的客人调到 6 号房间……把第 n 号房间的客人调到第 $2n$ 号房间——这样，1 号、3 号、5 号、7 号……这些奇数号房间就空出来了。

　　接着，老板把大巴上下来的第 1 位客人安排在 1 号房间，把第 2 位客人安排在 3 号房间……把第 n 号客人安排在第 $2n-1$ 号房间（图 15.3）。

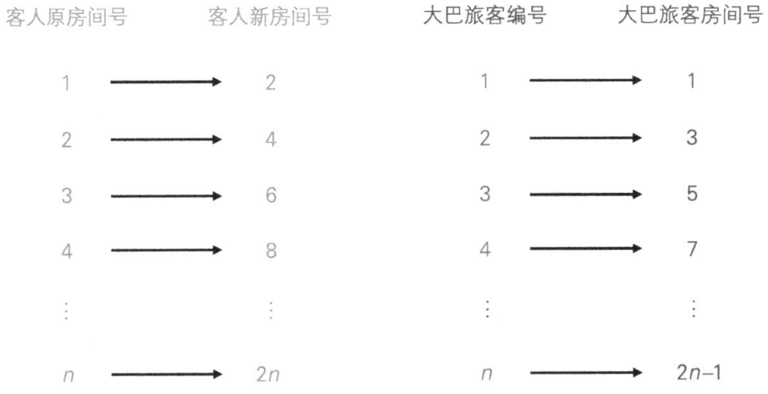

客人原房间号　　客人新房间号　　　大巴旅客编号　　大巴旅客房间号

1 ⟶ 2　　　　　　1 ⟶ 1

2 ⟶ 4　　　　　　2 ⟶ 3

3 ⟶ 6　　　　　　3 ⟶ 5

4 ⟶ 8　　　　　　4 ⟶ 7

⋮ ⋮　　　　　　⋮ ⋮

n ⟶ $2n$　　　　　n ⟶ $2n-1$

图 15.3

看到老板的这波"神"操作，服务员终于明白老板为什么是老板，而自己为什么只能打杂了。

这家旅馆的老板的智慧故事传播得很快。有一天晚上，门口突然来了无穷多辆大巴，每辆大巴上都坐着无穷多位客人。服务员又一次傻眼了，他怀疑这次老板也没啥办法了。

老板想了一会儿，开始了新的一轮安排。

(1) 安排原来的客人

将原来的第 1 号客人安排在 2 号房间，将原来的第 2 号客人安排在 4 号房间，将原来的第 3 号客人安排在 8 号房间……将原来的第 n 号客人安排在第 2^n 号房间。这样，除了 2 的幂次方编号的房间外，其余房间都空出来了。

(2) 安排第 1 辆大巴的客人

将第 1 位客人安排在 3 号房间，将第 2 位客人安排在 9 号房间……将第 n 号客人安排在第 3^n 号房间。

(3) 安排第 2 辆大巴的客人

将第 1 位客人安排在 5 号房间，将第 2 位客人安排在 25 号房间……将第 n 号客人安排在第 5^n 号房间。

$\vdots$

(m+1) 安排第 m 辆大巴的客人

将第 1 位客人安排在第 m 个素数（假设为 P_m）号房间，将第 2 位客人安排在第P_m^2号房间……将第 n 位客人安排在第P_m^n号房间。

整个安排如下表所示。

分配的房号	旅客编号						
	1	2	3	4	5	…	n
旅馆原住客	2^1	2^2	2^3	2^4	2^5	…	2^n
第 1 辆大巴	3^1	3^2	3^3	3^4	3^5	…	3^n
第 2 辆大巴	5^1	5^2	5^3	5^4	5^5	…	5^n
第 3 辆大巴	7^1	7^2	7^3	7^4	7^5	…	7^n
第 4 辆大巴	11^1	11^2	11^3	11^4	11^5	…	11^n
⋮	⋮	⋮	⋮	⋮	⋮	⋮	⋮
第 m 辆大巴	P_{m+1}^1	P_{m+1}^2	P_{m+1}^3	P_{m+1}^4	P_{m+1}^5	…	P_{m+1}^n

服务员看完这波眼花缭乱的操作，下巴都惊掉了。他发现，本来房间是住满的，可经过老板的这顿操作，类似于 6 号、10 号这样的房间竟然被空出来了！

其实，这里面有一个重要的前提：无论是无穷个房间、无穷位客人还是无穷辆大巴，都是指可数无穷大，也就是和正整数 1, 2, 3, 4, …的规模是一样多的。

难道除了可数无穷大，还有不可数无穷大？

还真有！先别着急，在往下讲之前，我们再回顾一下文章开头提到的关键概念：一一对应。所谓"一一对应"其实很好理解，就是"一对一"，一个萝卜一个坑。一夫一妻制算是一对一的最好解释了。

我们在开头也提到，如果要建立两个有穷集合之间双向的一对一映射，那么这两个集合中的东西一定是一样多的，多一个或少一个都不行。但对于两个拥有无穷多物体的集合，怎么建立一对一的对应关系呢？

希尔伯特旅馆问题其实已经给出了很好的诠释。它告诉我们，自然数的集合可以和偶数集合建立一对一映射，也可以和奇数集合建立一对一映射。所以，自然数集和偶数（或奇数）集是一样多的！一个整体竟然和它的部分是一样多的，这在有限集里是无法想象的，但在无穷的世界里却成了现实。

如果说，奇数和偶数是可数的还比较好理解，那么有理数是不是和自然数一样多呢？直观地想一下，任意两个自然数之间有无穷多个有理数，应该是自然数的无穷多倍才对，所以直觉上有理数和自然数应该不一样多。可事实是，有理数也和自然数一样多！

我们考虑所有大于 0 的有理数。我们知道，任何大于 0 的有理数都可以表示成两个整数之比，即表示成 $\dfrac{q}{p}$ 的形式。我们可以按照图 15.4 的方式来排列所有这些有理数。

第 1 行：分子都是 1，分母按 1, 2, 3, … 依次增大。

第 2 行：分子都是 2，分母按 1, 2, 3, … 依次增大。

⋮

第 n 行：分子都是 n，分母按 1, 2, 3, … 依次增大。

在这个排列的基础上，我们按照箭头方向逐一罗列有理数，碰到值已经出现过的，则舍掉。那么所有大于 0 的有理数就被列成了一个序列：

$$a_1 = 1,\ a_2 = 2,\ a_3 = \frac{1}{2},\ a_4 = \frac{1}{3},\ a_5 = 3,\ a_6 = 4,\ a_7 = \frac{3}{2},\ a_8 = \frac{2}{3},\ \cdots$$

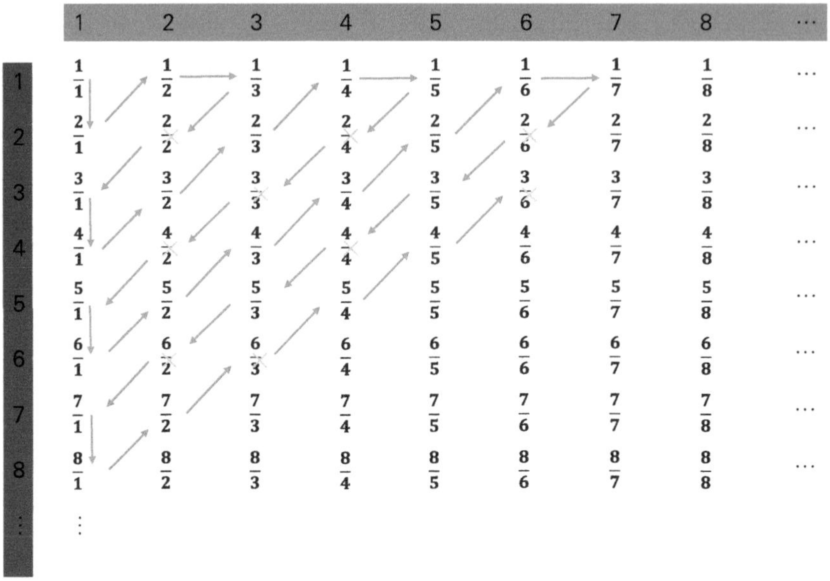

图 15.4

按这种方式，我们就在自然数和大于 0 的有理数之间建立了一对一的映射关系，所以大于 0 的有理数和自然数是一样多的。

下面自然要问：那么实数是不是也和自然数一样多？这时，我们的主角就要登场了——康托尔，集合论的创立者，他用一种非常巧妙的方法证明了实数的数量是不可数无穷大。

在证明实数的数量不可数无穷大之前，我们先回答另一个问题：一条线段上的点的数量与一条直线上点的数量是不是一样多？

许多人的第一反应是直线上的点要多，毕竟线段是有限长的，而直线是无限长的嘛！但这就又错了。在无穷的领域，整体大于部分的结论不再成立。如图 15.5 所示，我们首先把一条线段 AB 折成三段，然后我们就可以在 AB 上的所有点和直线 l 上的所有点之间建立一一对应，比如 P 对

应 Q，M 对应 N。这表明，一条线段上的点和一条直线上的点是一样多的。

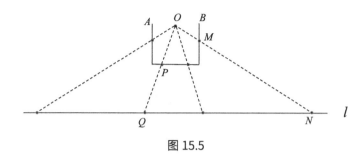

图 15.5

康托尔的证明思路又是反证法：假设实数是可数的，然后找矛盾。

假如实数可数，那么 0~1 的实数也一定可数（我们可以把实数对应到一条数轴上的所有点，而把 0~1 的实数对应到线段 [0,1] 上的所有点）。既然可数，那我们就可以用某种顺序将它们逐一列出：r_1, r_2, r_3, $\cdots$, r_n, $\cdots$，使得每个实数都和一个自然数下标一一对应，这里 d_{ij} 是 0~9 的一个数字。

$r_1 = 0.d_{11}d_{12}d_{13}d_{14}\ldots$

$r_2 = 0.d_{21}d_{22}d_{23}d_{24}\ldots$

$r_3 = 0.d_{31}d_{32}d_{33}d_{34}\ldots$

$r_4 = 0.d_{41}d_{42}d_{43}d_{44}\ldots$

……

也就是说，0~1 的所有实数都在这里了。下面构造一个新的实数 $r = 0.d_1d_2d_3d_4\ldots$，其中的每一位满足：

$$\begin{cases} d_i = 4, & \text{如果}\,d_{ii} \neq 4 \\ d_i = 5, & \text{如果}\,d_{ii} = 4 \end{cases}$$

这样构造出来的实数 r 与上面的任何 r_k 在第 k 位上不同，因此 r 不在这个序列里。所以，所有 0~1 的实数可以列成一个可数序列这一假设是不对的。这表明实数集不可数！

在数学中，人们用势或基数来表示一个无穷集合的大小。在这个意义下，自然数的势和有理数的势是一样的，但实数的势则不同。在以上分析的基础上，我们就很容易理解大名鼎鼎的连续统假设。康托尔认为，没有一个其他的集合，它的势大于自然数集的势，但又小于实数集的势。用朴素的话来说，不存在一个无穷大集合，它的数量比自然数集多，但又比实数集少。

1900 年，希尔伯特在巴黎国际数学家大会上发表了题为《数学问题》的著名演讲。他根据以往数学研究的成果和发展趋势，提出了 23 个他认为最重要的数学问题，而连续统假设问题就排在这 23 个问题中的第 1 位！

16
统一之美

对和谐之美的追求是人类的本能。

——卡尔·马克思

数学的发展与统一之美

数学的美有很多种，有一种被称为"统一之美"。统一之美是简单、和谐的集中体现。希尔伯特曾指出："数学科学是一个不可分割的有机整体，它的生命力正是在于各个部分之间的联系。尽管数学知识千差万别，我们仍然清楚地意识到，在作为整体的数学中，使用着相同的逻辑工具，存在着概念的亲缘关系。同时，在它的不同部分之间，也有大量相似之处。我们还注意到，数学理论越是向前发展，它的结构就变得愈加调和一致，并且，在这门科学一向相互隔绝的分支之间也会显露出意想不到的关系，因此随着数学的发展，它的有机的特性不会丧失，只会更清楚地呈现出来。"

统一之美在数学的发展过程中表现得淋漓尽致。代数和几何原本是两个独立的数学分支，但坐标系的建立使坐标上的点和数之间产生了对应关系，从而把代数的研究对象（方程）和几何的研究对象（曲线）有机地统一了起来。

数系和运算的扩充过程也体现了数学家们对统一美孜孜不倦的追求。数学史上早早就有了自然数，自然数对加法和乘法是封闭的，也就是说，两个自然数相加或相乘，其结果还是自然数。但自然数对减法和除法则不是封闭的：两个自然数相减，其结果可能不是自然数，为此，人们引入了负数。两个自然数相除，其结果也可能不是自然数，因此人们又引入了分数。

之后的一段时间里，数学家们认为数的概念已经完整了。直到希伯索斯发现正方形的对角线长与边长之比不能表示为两个自然数之比，大家才意识到，看似紧密的有理数之间其实还藏着无穷多的无理数。无理数的发现是数学史上的大事件，它把数的概念扩充到了实数范畴，推动了数学的大发展。

再往后，为了让开方运算对负数也有意义，人们又引入了虚数的概念。从而，数的概念扩展到了复数范畴。数学家们发现，在复数域上，很多问题有了统一的表述，其中最著名的当属代数基本定理：

n 次复系数多项式方程在复数域内有且只有 n 个根（重根按重数计算）。

在实数域内，我们还得根据判别式 $\Delta = b^2 - 4ac$ 来判断一个一元二次方程 $ax^2 + bx + c = 0$ 有没有实数根，比如 $x^2 + 1 = 0$ 这样的方程在实数域内就没有解，但在复数域上，这个问题就不复存在了。

几个让大家疑惑的案例

有一些问题总让大家心存疑惑，其背后的原因就是为了实现数学定义的和谐与统一。我举三个典型的案例。

(1) 0 为什么不能做除数?

直觉上，一个数除以 0 应该是无穷大吧? 但有人可能会追问:"如果是 0 除以 0 呢?"为什么 0 不能做除数呢? 我们还得回到定义和本源。

我们知道: 被除数 ÷ 除数 = 商，写成逆运算乘法公式就是: 被除数 = 除数 × 商。

如果允许除数等于 0，那么根据被除数是否为 0，可以分为两种情况。

情况 1: 被除数≠0。此时，被除数 =0× 商。因为 0 乘以任何数都等于 0，所以这个等式永远不成立。

情况 2: 被除数 =0。此时，0=0× 商，商是任何数都可以满足，也就是说，除法运算的结果不再确定，这也不行。

(2) 负负为什么得正?

总有爱盘根问底的孩子能问出这样的问题。如果老师在这个时候说"别问，记住就行!"，那可能会扼杀孩子对数学的兴趣。据说，袁隆平当年就是因为老师没有解释清楚这个问题，而对数学丧失了兴趣。

负负得正的解释不止一种，其中一种是从保持分配律一致性的角度出发的。不少时候，我们拓展了数的范围，但仍希望原有的运算及运算律依然适用。

下面是以 $(-3)×(-2)=6$ 为例子来说明负负得正的逻辑。

因为 $3×2+3×(-2)=3×[2+(-2)]=0$，

所以 $3×(-2)$ 是 $3×2$ 的相反数，为 -6;

又因为 $3×(-2)+(-3)×(-2)=[3+(-3)]×(-2)=0$，

所以 $(-3)×(-2)$ 是 $3×(-2)$ 的相反数，为 6。

(3) 为什么 $x \neq 0$ 时, $x^0 = 1$?

当 $x \neq 0$ 时, $x^0 = 1$ 这个定义可以从下面的等式出发予以解释。

$$x^m \times x^n = x^{m+n}$$

当 $m \neq 0$, $n = 0$ 时, 有:

$$x^m \times x^0 = x^m$$

因为当 $x \neq 0$ 且 $m \neq 0$ 时, $x^m \neq 0$, 因此 $x^0 = 1$。

有人可能进一步会问: "0^0 是多少, 也等于 1 吗?" 这就不一定了。按我们上面的等式, 取 $x = 0$, $m > 0$, $n = 0$, 有:

$$0^m \times 0^0 = 0^m$$

由于 $0^m = 0$, 此时 0^0 可以是任何数。所以, 一般我们认为 0^0 没有定义。

在许多数学问题的证明和推导过程中, 对统一之美的追求也激励着大家给出更简洁的方法。下面我来举两个小学生都可以理解的例子。

平行四边形的面积

先来看一个凭借小学三四年级的数学知识就能看懂的问题:

平行四边形的面积 = 底 × 高

为啥呢? 也许有人会脱口而出: 把平行四边形沿着对角线分成两个三角形, 因为三角形的面积 = 底 × 高 ÷ 2, 所以平行四边形的面积 = 底 × 高。

可是，三角形的面积又是怎么推导的呢？很多课本中是把两个相同的三角形拼成一个平行四边形后，利用平行四边形的面积推导得来的。这就出现了证明过程中最令人害怕的一个问题：循环论证。你证明结论 A 的过程中用了结论 B，却不知道，结论 B 的证明又用到了结论 A，于是引发了"先有鸡，还是先有蛋"的问题。当然，事实上，我们可以不用平行四边形推导三角形面积。

许多书中在推导平行四边形的面积时，用的是割补法。如图 16.1，从平行四边形左边切下一个直角三角形，将其补到右边，从而变成一个长方形。

图 16.1

但如果多想一想，我们就会发现这里也有一个小瑕疵。我长得比较瘦，所以我很容易想到图 16.2 里这样的"瘦个儿"平行四边形能不能也像上面所说的一样进行割补呢（图 16.2）？

图 16.2

有人说："简单啊，把这个平行四边形转一下，让它平躺着，然后就可以用类似上面的方法来割补了。"（图 16.3）

图 16.3

可问题是，这样割补后得到的长方形的长和宽，并不对应平行四边形最初要证明的那对底和高。

那还是按照原来的方法割补，行不行？其实可以。如图 16.4，把 $\triangle ABE$ 平移到 $\triangle DCF$ 的位置。因为

$$S_{\triangle ABE} = S_{梯形\ ABCG} + S_{\triangle GCE}$$

$$S_{\triangle DCF} = S_{梯形\ GEFD} + S_{\triangle GCE}$$

所以

$$S_{梯形\ ABCG} = S_{梯形\ GEFD}$$

从而，我们可以把梯形 $ABCG$ 割补到梯形 $GEFD$ 的位置（图 16.4。注意：图形变形了，但仍属于等积变换），从而将平行四边形 $ABCD$ 割补成了长方形 $AEFD$，其面积为最初要证明的那对底和高的积。

但是，这样的证明总觉得有那么点儿不畅快。为啥呢？分类讨论不统一啊。那有没有一种统一的办法？

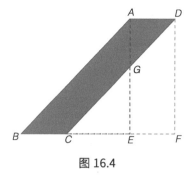

图 16.4

最容易想到的办法是在平行四边形的左上和右下各补上一个三角形，这两个黄色三角形正好拼成一个 $b \times h$ 的长方形（图 16.5）。从而，平行四边形的面积为：

$$S=(a+b)h-bh=ah$$

这种证明方法，就与平行四边形的胖瘦无关了。

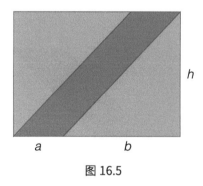

图 16.5

其实，用之前的割补法也可以达成统一的证明，具体如下。

将第一个图形（图 16.1）中的 $\triangle ABE$ 平移到 $\triangle DCF$ 的位置，下面用两种方式来求直角梯形 $ABFD$ 的面积（图 16.6）。因为

$$S_{梯形\ ABFD} = S_{ABCD} + S_{\triangle DCF}$$

$$S_{梯形\ ABFD} = S_{AEFD} + S_{\triangle ABE}$$

所以

$$S_{ABCD} = S_{AEFD}$$

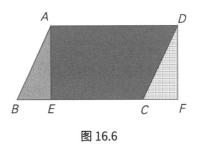

图 16.6

而对于后面那个"瘦个儿"平行四边形，我们的方法是一样的，证明过程无须改动一个字（图 16.7）！

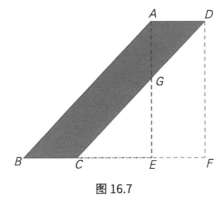

图 16.7

看完这个证明后，大家有没有一种通透的感觉？因为这正是数学学习中最重要的精神之一——追求统一之美！

裂项求和

我想再举一个裂项求和的例子。所谓裂项，就是把一项变成两项，从而达到前后相消的目的。中小学里用得比较多的是分数裂项，其实除了分数裂项，还有整数裂项。我们分别讲解。

● 分数裂项

最简单的是分母为两个连续的自然数相乘，可以裂项成分母为相邻自然数的两个分数之差。

$$\frac{1}{1\times 2}+\frac{1}{2\times 3}+\cdots+\frac{1}{n(n+1)}$$
$$=\frac{1}{1}-\frac{1}{2}+\frac{1}{2}-\frac{1}{3}+\cdots+\frac{1}{n}-\frac{1}{n+1}$$
$$=1-\frac{1}{n+1}$$
$$=\frac{n}{n+1}$$

其次是分母的两个乘数之间不是相差 1，而是相差某个常数 d，也可以类似地操作：

$$\frac{1}{1\times 4}+\frac{1}{4\times 7}+\cdots+\frac{1}{n(n+3)}$$
$$=\frac{1}{3}\left[\frac{1}{1}-\frac{1}{4}+\frac{1}{4}-\frac{1}{7}+\cdots+\frac{1}{n}-\frac{1}{n+3}\right]$$
$$=\frac{1}{3}\left[\frac{1}{1}-\frac{1}{n+3}\right]$$
$$=\frac{n+2}{3(n+3)}$$

注意，这里最关键的是，当裂项成两个分数相减时，前面一项要乘一个数。这个数是多少取决于公差。很多人刚开始不知道应该乘多少，此时完全可以通分试一下。一般化有：

因为

$$\frac{1}{n} - \frac{1}{n+d} = \frac{n+d}{n(n+d)} - \frac{n}{n(n+d)} = \frac{d}{n(n+d)}$$

所以

$$\frac{1}{n(n+d)} = \frac{1}{d} \times \left[\frac{1}{n} - \frac{1}{n+d} \right]$$

再复杂一点儿，如果分母不是两个数相乘，而是三个或更多个等差的自然数相乘，也可以类似地做如下裂项：

$$\frac{1}{1 \times 2 \times 3} + \frac{1}{2 \times 3 \times 4} + \cdots + \frac{1}{n(n+1)(n+2)}$$
$$= \frac{1}{2} \left[\frac{1}{1 \times 2} - \frac{1}{2 \times 3} + \frac{1}{2 \times 3} - \frac{1}{3 \times 4} + \cdots + \frac{1}{n(n+1)} - \frac{1}{(n+1)(n+2)} \right]$$
$$= \frac{1}{2} \left[\frac{1}{2} - \frac{1}{(n+1)(n+2)} \right]$$

当然，更一般一点儿，分母还可以是 $n(n+d)(n+2d)$ 这类形式，但思路类似。

总结一下：如果分母为 n 个等差的自然数相乘，那么这个分数可以裂项成两个分母为 $(n-1)$ 个等差自然数相乘的分数之差，当然还需要乘一个因子。

● 整数裂项

最简单的整数裂项问题如下所示：

$$1 \times 2 + 2 \times 3 + \cdots + n(n+1)$$

我们可以把两个连续自然数的乘积裂项成两项，每一项都是 3 个连续自然数的乘积，如下：

$$n(n+1) = \frac{n(n+1)(n+2) - (n-1)n(n+1)}{3}$$

因此

$$原式 = \frac{1 \times 2 \times 3 - 0 + 2 \times 3 \times 4 - 1 \times 2 \times 3 + \cdots + n(n+1)(n+2) - (n-1)n(n+1)}{3}$$
$$= \frac{n(n+1)(n+2)}{3}$$

如果公差不是 1，比如下面这样的：

$$1 \times 4 + 4 \times 7 + \cdots + (n+1)(n+4)（n 是 3 的倍数）$$

因为

$$n(n+3) = \frac{n(n+3)(n+6) - (n-3)n(n+3)}{9}$$

所以

$$原式 = \frac{1 \times 4 \times 7 - (-2) \times 1 \times 4 + 4 \times 7 \times 10 - 1 \times 4 \times 7 + \cdots + n(n+3)(n+6) - (n-3)n(n+3)}{9}$$
$$= \frac{n(n+3)(n+6) + 8}{9}$$

如果不是两个连续自然数相乘，而是三个或更多的连续自然数相乘呢？比如：

$$1\times2\times3+2\times3\times4+\cdots+n(n+1)(n+2)$$

我们同样可以进行裂项操作。

因为

$$\frac{n(n+1)(n+2)(n+3)-(n-1)n(n+1)(n+2)}{4}=n(n+1)(n+2)$$

所以

原式
$$=\frac{1\times2\times3\times4-(-1)\times0\times1\times2+2\times3\times4\times5-1\times2\times3\times4+\cdots+n(n+1)(n+2)(n+3)-(n-1)n(n+1)(n+2)}{4}$$
$$=\frac{n(n+1)(n+2)(n+3)}{4}$$

根据裂项求和公式，我们还可以推导出平方和公式，如下：

$$1^2+2^2+3^2+\cdots+n^2$$
$$=1\times(2-1)+2\times(3-1)+\cdots+n(n+1-1)$$
$$=1\times2+2\times3+\cdots+n(n+1)-(1+2+\cdots+n)$$
$$=\frac{n(n+1)(n+2)}{3}-\frac{n(n+1)}{2}$$
$$=\frac{n(n+1)(2n+1)}{6}$$

也可以据此推导立方和 $1^3+2^3+3^3+\cdots+n^3$，基本思路如下：

$$n^3=n(n+1)(n+2)-3n^2-2n$$

可见，我们可以把立方数转变成我们已经会求和的三项。这种把未知问题转化成已会求解的问题的能力，是数学学习中最重要的能力之一。

更一般化地，对于任何一个整数幂次方求和

$$1^k + 2^k + 3^k + \cdots + n^k$$

也可以做类似立方求和的转化，其中每一项都可以转化成裂项求和以及不大于 $k-1$ 的整数次幂的求和。最后，对于最简单的等差数列求和

$$1 + 2 + 3 + \cdots + n$$

除了用高斯算法，也可以用裂项求和来推导。因为

$$n = \frac{n(n+1) - (n-1)n}{2}$$

所以

$$原式 = \frac{1 \times 2 - 0 \times 1 + 2 \times 3 - 1 \times 2 + \cdots + n \times (n+1) - (n-1)n}{2}$$
$$= \frac{n(n+1)}{2}$$

有人可能会觉得这个做法别扭，有点杀鸡用牛刀了，但这恰恰体现了数学的统一之美！

最后总结一下：n 个等差的自然数相乘的项，可以裂项成两个 $(n+1)$ 个等差自然数相乘的乘积之差，当然，也需要再乘以一个因子。

对应于 $1 + 2 + \cdots + n$，我们还剩下一个很有名的求和问题：

$$1+\frac{1}{2}+\frac{1}{3}+\cdots+\frac{1}{n}$$

但这就不能用裂项求和的办法去解决了。如果这个数列一直加下去，就是非常著名的调和级数了。

统一是美。但有时，正如断臂维纳斯，残缺也是一种美！